城市园林绿化对细颗粒物消减作用研究

李新宇　赵松婷　著

U0391308

中国林业出版社

·北京·

图书在版编目（CIP）数据

城市园林绿化对细颗粒物消减作用研究 / 李新宇，
赵松婷著 . —北京：中国林业出版社，2021.1
　　ISBN 978-7-5219-0984-5

　　Ⅰ . ①城… Ⅱ . ①李… ②赵… Ⅲ . ①城市—园林—
绿化—作用—可吸入颗粒物—污染防治—研究 Ⅳ .
① S731 ② X513

　　中国版本图书馆 CIP 数据核字（2021）第 006810 号

中国林业出版社·风景园林分社
责任编辑：贾麦娥

出版发行：中国林业出版社（100009　北京西城区德内大街刘海胡同7号）
网　　址：http://www.forestry.gov.cn/lycb.html
电　　话：（010）83143562
印　　刷：河北京平诚乾印刷有限公司
版　　次：2021 年 1 月第 1 版
印　　次：2021 年 1 月第 1 次
开　　本：710mm×1000mm　1/16
印　　张：8
定　　数：171 千字
定　　价：68.00 元

本书主要以近几年作者发表在中文核心期刊上关于"园林绿地对细颗粒物（$PM_{2.5}$）消减作用研究"方面的文章为主进行整理，分为 3 个版块进行撰写。

1. 园林绿地滞留大气颗粒物规律研究

园林绿化措施在滞尘方面具有不可替代的重要作用。园林植物可以有效地阻滞灰尘，提高空气质量。迄今为止，已积累了大量有关利用植物种间差异、植物类型差异、植物配置类型差异等园林植物滞尘方面的研究证据。本书通过国内外文献查阅，综合评述植物滞留大气颗粒物的规律研究进展及方向，多角度分析了不同植物及群落的滞尘能力及影响植物滞尘能力的因素，旨在对进一步理论研究及园林生态建设提供借鉴意义。同时，为分析城市绿地对降低空气 $PM_{2.5}$ 浓度的作用，发挥绿地在改善城市生态环境方面的重要功能，对不同季节内城市典型绿地与裸地内空气 $PM_{2.5}$ 浓度进行对比分析，并对不同天气条件下空气 $PM_{2.5}$ 浓度情况进行偏相关分析。

2. 评价北京市常用园林绿化植物滞留颗粒物能力

根据北京市 2009 年绿化普查数据，选取了北京市园林绿化应用频率较高的 60 种植物，包括 32 种乔木、26 种灌木、2 种藤本，进行了植物叶片滞留颗粒物能力的评价研究。当雨量 ≥ 15mm 时，对 60 种植物滞尘 7 天时的叶片 3 次重复采样，进行滞尘实验，同时对叶片表面颗粒物进行电镜观测，分析叶片表面颗粒物形态特征及滞留细颗粒物（$PM_{2.5}$）的规律。同时，考虑植物释放 VOC 对大气颗粒物浓度的贡献量，综合评价园林植物消减细颗粒浓度能力；针对于园林绿地对城市大气环境中发挥的双重作用，既要综合分析城市园林植物对细颗粒物的吸附能力，又要定量分析其所释放的 VOC，作为重要的前体物，其对 SOA 形成的贡献，综合计算的结果有助于绿化树种的合理选择。本书充分考虑园林植物的双重作用，分析评价北京市园林绿化中常用的不同植物材料消减细颗粒物的能力。

3. 评价不同公园绿地、道路绿地内典型植物配置群落对消减大气中 $PM_{2.5}$ 浓度的影响

本书研究了城市绿地大气中 $PM_{2.5}$ 浓度的变化规律，对园林绿地消减 $PM_{2.5}$ 浓度的

作用进行了评价。对天坛、中山、紫竹院和北小河公园 4 个公园内 16 种不同植物群落及北四环旁 3 处道路绿地进行了 $PM_{2.5}$ 浓度监测；最终对道路绿地与公园绿地的几种典型植物配置群落中大气 $PM_{2.5}$ 浓度的变化规律进行了分析，评价了不同植物群落对消减大气中 $PM_{2.5}$ 浓度的作用，筛选出消减 $PM_{2.5}$ 的最佳种植模式，并建立了公园内绿地空气 $PM_{2.5}$ 浓度连续监测数据库，找出了影响植物群落对消减 $PM_{2.5}$ 的关键因子。

著者

2020 年 10 月

目录
CONTENTS

第一部分

园林绿地滞尘规律研究

第一章 园林植物滞尘规律研究进展

伴随着人们对生活环境水平要求的提高，园林植物的生态效益越来越受到人们的关注，园林植物通过吸附和滞留大气中的颗粒物，达到减少和控制大气中颗粒物含量的目的，对环境的净化功能非常明显。植物个体特征、绿地结构及环境因素均会对绿地滞尘效应产生影响，本章主要对国内外园林植物滞尘能力的研究现状进行梳理，加深对滞尘机理的理解，使绿地滞尘研究更好地服务于城市绿地建设。

1 园林植物的滞尘成分

园林植物叶面颗粒物组成复杂，Tomasevic 等[1]利用扫描电镜 – 能谱分析仪（SEM-EDX）观测到的植物滞留的粉尘有 50% 是属于人类活动产生的细微颗粒（$D < 2\mu m$）。Marc 等[2]研究发现植物可成功滞留 PM_{10} 颗粒物，其中细颗粒物和超细颗粒物占绝大多数。Wanglei 等[3]研究表明叶片滞留的颗粒物 98.4% 是 PM_{10}、64.2% 是 $PM_{2.5}$。其中 SiO_2、$CaCO_3$、$CaMg（CO_3）_2$、$NaCl$、$2CaSO_4 \cdot H_2O$、$CaSO_4 \cdot 2H_2O$、Fe_2O_3 7 种主要矿物占叶面颗粒物总质量的 10% ～ 30%，SiO_2 含量最高，其次为 $CaMg（CO_3）_2$、$CaSO_4 \cdot 2H_2O$ 和 $CaCO_3$。此外，还含有蒙脱石、伊利石、高岭石等黏土矿物及长石。SiO_2、$CaCO_3$、$CaMg（CO_3）_2$ 是砂石的主要成分。其中 Ca、Al、Fe、Mg、K、Na、S 7 种元素占测定元素总质量的 97% 以上，其他痕量污染元素含量很少，并且受采样地点和树种影响较小。

2 园林植物滞尘的时空变化规律

2.1 时间变化规律

园林植物的滞尘量不是随着时间的积累而线性增加，而是增幅减小，滞尘达到饱和，滞尘量便不再增加或增加幅度较小，直到下次大雨过后植物叶片再重新滞尘。一般认为大于15mm的雨量就可以冲掉植物叶片的降尘[4]。Schabel等[5]的研究也发现，园林植被枝叶对粉尘的吸附作用均是暂时的，随着下一次降雨的到来，粉尘会被雨水冲洗掉，具有一定的"可塑性"。高金晖等的研究表明植物种叶片滞尘量在达到极限值以前受空气中粉尘含量的影响较大，同种植物叶片的滞尘量会随着空气中粉尘含量的增多而增大[6]。一天内植物叶片累计滞尘过程与时间不呈线性相关关系，这说明植物叶片的滞尘过程是一个复杂的动态过程，植物叶面的滞尘与粉尘脱落同时存在[7]。一般情况下，一天内植物叶片滞尘量分别在早上8：00～10：00和傍晚16：00～18：00相对较大[8]。Nowak[9]、Woodruff[10]、Arden[11]和Pope[12,13]等的研究也表明绿地植被枝叶对粉尘的截留和吸附受到时间的影响，但具体的时间变化规律则依不同树种、不同周围环境等条件而不同。

此外，园林植物的滞尘作用在不同季节也会有较大区别。张景等研究发现叶片滞尘量的变异系数受不同季节外界自然因素的干扰变化较大[8]。同一地点大部分绿化树种滞尘能力的季节动态规律是冬季滞尘量最高、春秋季次之，夏季较低[14]。李玉琛的研究也表明滞尘量变化规律为冬季、秋季含量较高，春季和夏季较低[15]。造成这种现象的原因一方面与着叶季节长短等因素有很大关系，另一方面与不同季节的特点有关，一般冬季的叶片滞尘量是最大的，这可能是由于冬季雾天和逆温层出现的天数多以及采暖煤炭燃烧量增加所导致的。

2.2　空间变化规律

同种类植物种在封闭式环境条件下叶片滞尘量明显低于开敞式环境条件下的滞尘量，说明同种类植物叶片滞尘量随着环境中粉尘颗粒物含量的增多而增大；开敞式环境条件下，同株植物叶片纵向不同高度滞尘量比较发现，"低"位的滞尘量明显高于"高"位和"中"位，这是由于开敞式环境条件下车辆行人繁多，造成路面较大程度的二次扬尘[6]。蔡燕徽[16]分冠层下位（2～5m）与冠层上位（5～7m）比较分析高度差异对叶片滞尘的影响，不同高度上的叶片滞尘量明显随高度增加而减少，2～5m至5～7m处滞尘量虽有所减少，但差异不明显。乔木冠层距地面通常较高，其叶片滞尘主要来自大气沉降颗粒物，而相对低矮的植物叶片靠近路面，直接受机动车排放和地面扬尘影响，尤其是生长高度为1～2m的灌木植物叶片位置处于行人呼吸带范围，这一高度空气颗粒物浓度在距地10m范围内为最大。

此外，植物叶面滞尘量随着植株高度和污染源距离的增加呈递减趋势[17]。有研究表明植物叶片的滞尘量、重金属含量以及S含量随着离公路距离的增加而减少，到离公路约60m处这种减少的趋势逐渐变缓[15]。程政红等[18]的研究表明，同种树木均以重度污染区的滞尘量最大，轻度污染区的滞尘量最小。邱媛等[19]研究了广东省惠州市不同功能区的4种主要绿化乔木，其滞尘总量排序为工业区＞商业交通区＞居住区＞清洁区。陈玮等[20]的研究表明，在不同位置的桧柏 (*Juniperus chinensis* L.) 滞尘能力排序为机动车道与自行车道分车带＞自行车与人行道分隔带＞公园内同株树面对街道面＞公园内同株树背离街道面，说明不同路段机动车尾气排放量不同，滞尘效应也就有了较大差异。

3　不同植物种类的滞尘规律

园林植物个体之间滞尘能力差异很大，不同的树种的滞尘能力可相差 2 ～ 3 倍以上。张新献等[21]的研究表明，丁香的滞尘能力是紫叶小檗的 6 倍多；落叶乔木毛白杨为垂柳的 3 倍多。王蕾等[22]的研究表明：同一地点不同树种叶面颗粒物附着密度存在很大差异，圆柏、侧柏颗粒物附着密度最高，其次为雪松、白皮松，油松、云杉最低；陈玮等[20]对不同种针叶树同一降尘条件及同种针叶树不同降尘条件的滞尘能力进行研究，结果表明，针叶树在东北的冬季有很强的滞尘作用，不同的针叶树滞尘能力排序为沙松冷杉＞沙地云杉＞红皮云杉＞东北红豆杉＞白皮松＞华山松＞油松。不同针叶树叶表面结构不同，滞尘量的大小也不同。吴中能等[23]测定了合肥 15 个常见绿化树种滞尘能力，认为阔叶乔木滞尘量能力顺序为广玉兰＞女贞＞棕榈＞悬铃木＞香樟，这些差异主要是树种生物学特性和所处的环境引起的。为了筛选出具有强滞尘能力的树种作为徐州市主要绿化树种，胡舒等[24]对 6 个主要落叶绿化树种的滞尘能力进行了研究，结果表明：在外界尘源条件相同的情况下，6 个树种的滞尘能力强弱依次为紫薇＞法国梧桐＞枫杨＞毛白杨＞构树＞意大利杨。

然而，针对不同类型植物的滞尘能力的研究尚没能得出统一结论，植物叶片单位面积滞尘量的变异系数普遍较大，这是由于叶片滞尘受外界环境干扰较大造成的[7]。杜玲[25]的研究也证实了此点，由于受外界环境影响因素较大，每种植被叶片的周滞尘量波动均较大。梁淑英[14]对南京常见树种的研究表明，灌木的单位面积滞尘量较常绿乔木和落叶乔木大。王蓉丽等[26]采用综合指数法分析了金华市常见园林植物综合滞尘能力，认为不同类型园林植物的综合滞尘能力为常绿乔木＞常绿灌木＞落叶灌木＞落叶乔木＞草坪植物。李寒娥等[27]测定了佛山市 15 种主要城市绿化植物滞尘能力，结果表明乔木树种滞尘量最大，说明乔木植物是滞沉的主体。此外，周晓炜[28]、于志会[29]和贾宗锴[30]等均对此做了研究，但结果尚不统一。总之，在不同类型植物的滞尘能力研究中，因植物所处位置、环境差异及受研究者主观因素等影响，导致结论不同，甚至有较大差异。在乔、灌、草等植物滞尘能力的研究中，还没有得出统一的定论，选择滞尘能力强的植物，并以乔、灌、草不同生活型植物进行合理配置，是提高城市绿地滞尘效应的有效途径。

4　不同植物配置的滞尘规律

不同的植物群落结构对园林植物滞尘产生巨大的影响。在对不同植物群落结构空气颗粒物浓度进行比较时，陈自新等[31]的研究结果是乔灌草绿地内空气颗粒物浓度最低。孙淑萍等在探讨北京城区不同绿地类型与PM_{10}之间的关系时，发现PM_{10}年度平均值复合结构（乔灌型、灌草型、乔灌草型、乔草型）低于单一结构，说明多层绿化对于净化空气是很有益处的。张新献等[21]在北京方庄小区研究了3种不同结构绿地的滞尘效益，结果表明，乔灌草型减尘率最高，灌草型次之，草坪较差。此外，刘学全等[32]在宜昌市城区的研究表明，具有乔灌草立体结构的绿地类型滞尘效果最佳，结构单一，而立体绿量较少的草坪滞尘率较低。Baker等[33]的研究表明，乔灌草型的绿地具有相对较好的滞尘作用，是目前较为理想的绿地类型。郑少文等[34]以地处山西省晋中盆地的山西农业大学校园为试验区，研究了距扬尘源10m处不同类型绿地的减尘率依次为乔灌草复合型38%、灌草型31%、草坪7%、裸地2.6%，说明乔灌草型绿地的减尘效应最大。粟志峰等[35]的研究表明，街道绿地应以稠密乔木型和乔木加灌木加花草型为首选，可减少颗粒物对空气质量的影响。

这方面的研究还有很多，得出的结论基本也是一致的，都以乔灌草结合的类型效益最好，以乔木为主的复层结构绿地能最有效地增加单位面积的绿量，从而提高绿地的滞尘效益。

5　不同影响因素下的滞尘量的研究

5.1　植物本体特征的影响

5.1.1　植物叶表面特性对滞尘的影响

由于园林植物个体叶表面特性的差异，叶片具有表面多皱、表面粗糙、叶面多茸毛、分泌黏性的油脂和汁液等特性的园林植物能吸附大量的降尘和飘尘。沾满灰尘的叶片经雨水冲刷，又可恢复吸滞灰尘的能力[36-39]。

Virginia等[40]的研究发现，粗糙的植物叶表面在滞留悬浮颗粒物时要比光滑的叶表面更有效率，如植物表面有细茸毛或者凸起的叶脉等。王蕾等[41]利用电镜观察了北京市11种园林植物叶表面微形态，通过实际测量发现植被叶片上表面滞留的大气颗粒物数量为下表面的5倍；柴一新等[36]通过电镜观察得出结论，叶表皮具沟状组织、密集纤毛的树种滞尘能力强，叶表皮具瘤状或疣状突起的树种滞尘能力差。从定量角度分析，植物叶面滞尘量随着气孔数量的增加而增加；毛被数量多的滞尘量大，且相对而言毛被短而多的滞尘能力强[17]。Little等[42]、Pal等[43]和Wedding等[44]的研究都表明，叶子构造对捕捉颗粒的效率十分重要。大荨麻粗糙而多茸毛的叶子捕捉颗粒物的效率，要比密被茸毛的杨树叶子或表面光滑的山毛榉叶子高得多，沉积在粗糙多毛的向日葵叶子上的颗粒物，要比沉积在光滑蜡质的美国鹅掌楸叶子上的多 10 倍。尽管植物的枝干、树皮也具有一定的滞尘能力，在冬季树木落叶以后也能减少空气含尘量的 18%～20%，但植物的叶片仍然是植物滞尘的主要部分。

5.1.2　植物叶片倾角和树冠结构等对滞尘的影响

Beckett[45] 和 Lovett[46] 等的研究表明，各种植物由于树冠结构、枝叶密度和叶面倾角不同，对大气颗粒物的滞留能力存在很大差异。俞学如[17] 通过对法国冬青 4 个叶片着生角度范围的研究发现，60°～90° 的滞尘量最大，30°～60° 的滞尘量最小。园林植物特别是木本植物繁茂的树冠，有降低风速作用，空气中携带的大颗粒灰尘随风速降低下沉到树木的叶片或地面，而产生滞尘效应[47]。园林植物覆盖地表，可减少空气中粉尘的出现和移动，特别是一些结构复杂的植物群体对空气污染物的阻挡，使污染物不能大面积传播，有效地杜绝了二次扬尘[48]。

5.1.3　植物叶绿素含量、光合和呼吸作用对滞尘的影响

园林植物滞尘同样与叶绿素含量、光合作用、呼吸作用有一定关系。园林植物叶片在光合作用和呼吸作用过程中，还可以通过气孔、皮孔等吸收一部分包含重金属的粉尘[49]。叶绿素是光合作用中重要的光能吸收色素，其含量直接影响着植物的生长发育。植物叶片受到粉尘及大气污染的影响后，叶片叶绿素 Ca/Cb 值呈上升趋势，叶片叶绿素总含量（C）呈下降趋势。李海梅等[37] 对青岛市城阳区 5 种常用绿化植物的滞尘及抗尘能力作了研究，结果表明 5 种植物中叶绿素 Ca/Cb 值变化较大的为金叶女贞，达 49.34%，抗污染能力较弱；Ca/Cb 值升高较小的为火棘，仅 3.30%，抗污染能力较强。

5.1.4　植物生长阶段对滞尘的影响

朱丽蓉等[50] 的研究表明，滇润楠的滞尘能力与树龄呈正相关，随着树龄的增加，滇润楠滞尘能力逐渐增强。在同一时间段，不同树龄滇润楠的滞尘能力为 23 年 > 15 年 > 2 年生样树。由此可知，植物生长的阶段对植物的滞尘能力也产生较大影响。董希文等[51] 的研究也证明了此点。

5.2　外界环境因素的影响

降水和大风等天气因素是影响植物叶片滞尘量的主要外界因素，二者都能减少植

物叶片灰尘的现存量，同时也提高了植物的总滞尘量[52]。吴志萍等[53]研究表明，雨后阴天颗粒物的浓度比雨后晴天高 426%，降水对 $PM_{2.5}$ 的清除作用在雨后晴天发挥得较好。此外，有研究表明阴天颗粒物的浓度比晴天高 45%。

6　研究展望

综上所述，国内外学者在植物滞尘作用的变化规律方面取得了较多的研究成果，但在有些方面仍然需要进一步深入研究。①目前存在的园林植物滞尘的研究多集中于 TSP 或 PM_{10}，关于植物滞留 $PM_{2.5}$ 的研究相对较少，数据资料相当有限，还缺乏植物种类差异、植物配置方式、绿化带结构、园林绿化规模和园林绿化带区域规划在治理 $PM_{2.5}$ 污染方面的研究，严重制约了治理 $PM_{2.5}$ 污染的进程，$PM_{2.5}$ 作为危害最大的污染物之一，应开展更多的研究，为改善生态环境提供必要的理论和技术支撑。②园林植物滞尘的能力存在很大弹性，滞留机理还需要深入研究。③大量研究表明，园林植物滞尘的作用仍没有达到理想状态。因此，如何最有效地利用园林植物滞尘仍有改进的空间。应筛选出滞尘效果好的植物种类和优化模式，提出园林植物滞尘的综合技术措施，以使园林植物滞尘的作用得到最大化，对减轻各种降尘具有重要意义。④应长期对植物滞尘量进行监测，建立起系统全面的园林植物滞尘量基础数据库，为今后园林植物滞尘量的相关研究提供理论依据。⑤结合平原地区大规模造林工程和城区新建改建项目，建立高效滞尘的园林绿化工程试验示范区，为有关领导和管理部门决策提供科学依据。

参考文献

[1] Tomasevic M, Vukmirovic Z, Rajsic S, et al. Characterization of trace metal particles deposited on some deciduous tree leaves in an urban area[J]. Chemosphere,2005, 61(6): 753-760.

[2] Ottel E M, van Bohemen H D, Fraaij A L A. Quantifying the deposition of particulate matter on climber vegetation on living walls[J]. Ecological Engineering,2010, 36(2): 154-162.

[3] Wang L, Liu L, Gao S, et al. Physicochemical characteristics of ambient particles settling upon leaf surfaces of urban plants in Beijing[J]. Journal of Environmental Sciences,2006, 18(5): 921-926.

[4] 史晓丽. 北京市行道树固碳释氧滞尘效益的初步研究 [D]. 北京：北京林业大学 , 2010.

[5] Shabel H G. Urban forestry in the Federal Republic of Germany[J]. Journal of Arboriculture,1980.

[6] 高金晖，王冬梅，赵亮，等 . 植物叶片滞尘规律研究——以北京市为例 [J]. 北京林业大学学报 ,2007, 29(2): 94-99.

[7] 高金晖 . 北京市主要植物种滞尘影响机制及其效果研究 [D]. 北京：北京林业大学 , 2007.

[8] 张景，吴祥云 . 阜新城区园林绿化植物叶片滞尘规律 [J]. 辽宁工程技术大学学报（自然

科学版），2011, 30(6): 905-908.

[9] Nowak D J, Crane D E, Stevens J C. Air pollution removal by urban trees and shrubs in the United States[J]. Urban Forestry \& Urban Greening,2006, 4(3-4): 115-123.

[10] Woodruff T J, Grillo J, Schoendorf K C. The relationship between selected causes of postneonatal infant mortality and particulate air pollution in the United States.[J]. Environmental health perspectives,1997, 105(6): 608.

[11] Arden Pope C. Particulate air pollution, C-reactive protein, and cardiac risk[J]. European heart journal,2001, 22(14): 1149-1150.

[12] Pope C A, Young B, Dockery D W. Health effects of fine particulate air pollution: lines that connect[J]. Journal of the Air & Waste Management Association,2006, 56(6): 709-742.

[13] Pope C A, Verrier R L, Lovett E G, et al. Heart rate variability associated with particulate air pollution[J]. American heart journal,1999, 138(5): 890-899.

[14] 梁淑英 . 南京地区常见城市绿化树种的生理生态特性及净化大气能力的研究 [D]. 南京：南京林业大学 , 2005.

[15] 李玉琛 . 济青高速公路淄博段生态防护带的环境功能与效应 [D]. 南京：南京林业大学 , 2005.

[16] 蔡燕徽 . 城市基调树种滞尘效应及其光合特性研究 [D]. 福州：福建农林大学 , 2010.

[17] 俞学如 . 南京市主要绿化树种叶面滞尘特征及其与叶面结构的关系 [D]. 南京：南京林业大学 , 2008.

[18] 程政红，吴际友，刘云国，等 . 岳阳市主要绿化树种滞尘效应研究 [J]. 中国城市林业 ,2004, 2(2): 37-40.

[19] 邱媛，管东生，宋巍巍，等 . 惠州城市植被的滞尘效应 [J]. 生态学报 ,2008,28(6): 2455-2462.

[20] 陈玮，何兴元，张粤，等 . 东北地区城市针叶树冬季滞尘效应研究 [J]. 应用生态学报 , 2003(12): 2113-2116.

[21] 张新献，古润泽，陈自新，等 . 北京城市居住区绿地的滞尘效益 [J]. 北京林业大学学报 , 1997(4): 14-19.

[22] 王蕾，哈斯，刘连友，等 . 北京市六种针叶树叶面附着颗粒物的理化特征 [J]. 应用生态学报 , 2007(3): 487-492.

[23] 吴中能，于一苏，边艳霞 . 合肥主要绿化树种滞尘效应研究初报 [J]. 安徽农业科学 , 2001, 29(6): 780-783.

[24] 胡舒，肖昕，贾含帅，等 . 徐州市主要落叶绿化树种滞尘能力比较与分析 [J]. 中国农学通报 , 2012(16): 95-98.

[25] 杜玲，张海林，陈阜 . 京郊越冬植被叶片滞尘效应研究 [J]. 农业环境科学学报 ,2011, 30(2): 249-254.

[26] 王蓉丽，方英姿，马玲 . 金华市主要城市园林植物综合滞尘能力的研究 [J]. 浙江农业科学 , 2009(3): 574-577.

[27] 李寒娥，王志云，谭家得，等 . 佛山市主要城市园林植物滞尘效益分析 [J]. 生态科学 , 2006(5): 395-399.

[28] 周晓炜，亢秀萍．几种校园绿化植物滞尘能力研究 [J]．安徽农业科学，2008(24): 10431-10432.

[29] 于志会，赵红艳，杨波．吉林市常见园林植物滞尘能力研究 [J]．江苏农业科学，2012(6): 173-175.

[30] 贾宗锴，孙晓光，张晓曼．石家庄市城市绿化植物滞尘能力初探 [J]．河北林业科技，2010(6): 14-18.

[31] 陈自新，苏雪痕，刘少宗，等．北京城市园林绿化生态效益的研究 (3)[J]．中国园林，1998, 14(3): 53-56.

[32] 刘学全，唐万鹏，周志翔，等．宜昌市城区不同绿地类型环境效应 [J]．东北林业大学学报，2004, 32(5): 53-54, 83.

[33] Baker W L. A review of models of landscape change[J]. Landscape ecology,1989, 2(2): 111-133.

[34] 郑少文，邢国明，李军，等．北方常见绿化树种的滞尘效应 [J]．山西农业大学学报（自然科学版），2008, 28(4): 383-387.

[35] 粟志峰，刘艳，彭倩芳．不同绿地类型在城市中的滞尘作用研究 [J]．干旱环境监测，2002, 16(3): 162-163.

[36] 柴一新，祝宁，韩焕金．城市绿化树种的滞尘效应——以哈尔滨市为例 [J]．应用生态学报，2002, 13(9): 1121-1126.

[37] 李海梅，刘霞．青岛市城阳区主要园林树种叶片表皮形态与滞尘量的关系 [J]．生态学杂志，2008, 27(10): 1659-1662.

[38] 余曼，汪正祥，雷耘，等．武汉市主要绿化树种滞尘效应研究 [J]．环境工程学报，2009, 3(7): 1333-1339.

[39] Beckett K P, Freer-Smith P H, Taylor G. The capture of particulate pollution by trees at five contrasting urban sites[J]. Arboricultural Journal,2000, 24: 209-230.

[40] Lohr V I, Pearson-Mims C H. Particulate matter accumulation on horizontal surfaces in interiors: Influence of foliage plants[J]. Atmospheric Environment,1996, 30(14): 2565-2568.

[41] 王蕾，高尚玉，刘连友，等．北京市 11 种园林植物滞留大气颗粒物能力研究 [J]．应用生态学报,2006, 17(4): 597-601.

[42] Little P. Deposition of 2.75, 5.0 and 8.5μm particles to plant and soil surfaces[J]. Environmental Pollution,1977, 12(4): 293-305.

[43] Pal A, Kulshreshtha K, Ahmad K J, et al. Do leaf surface characters play a role in plant resistance to auto-exhaust pollution?[J]. Flora-Morphology, Distribution, Functional Ecology of Plants,2002, 197(1): 47-55.

[44] Wedding J B, Carlson R W, Stukel J J, et al. Aerosol deposition on plant leaves[J]. Water, Air, & Soil Pollution,1977, 7(4): 545-550.

[45] Beckett K P, Freer-Smith P H, Taylor G. Urban woodlands: their role in reducing the effects of particulate pollution[J]. Environmental pollution,1998, 99(3): 347-360.

[46] Lovett G M, Lindberg S E. Concentration and deposition of particles and vapors in a vertical profile through a forest canopy[J]. Atmospheric Environment,1992, 26(8): 1469-1476.

[47] 朱天燕.南京雨花台区主要绿化树种滞尘能力与绿地花境建设 [D].南京：南京林业大学,2007.

[48] 王凤珍,李楠,胡开文.景观植物的滞尘效应研究 [J].现代园林,2006(6):33-37.

[49] 王亚超.城市植物叶面尘理化特性及源解析研究 [D].南京：南京林业大学,2007.

[50] 朱丽蓉.滇润楠光合与抗 SO_2 生理及净化大气的特性研究 [D].昆明：西南林业大学,2008.

[51] 董希文,崔强,王丽敏,等.园林绿化树种枝叶滞尘效果分类研究 [J].防护林科技,2005(1):28-29,88.

[52] 赵勇,李树人,阎志平.城市绿地的滞尘效应及评价方法 [J].华中农业大学学报,2002,21(6):582-586.

[53] 吴志萍,王成,侯晓静,等.6 种城市绿地空气 $PM_{2.5}$ 浓度变化规律的研究 [J].安徽农业大学学报,2008,35(4):494-498.

第二章 北京城市绿地空气 PM$_{2.5}$ 浓度的年变化动态分析

空气质量的好坏与人民群众的健康息息相关。大气细颗粒物（PM$_{2.5}$）是指可吸入颗粒物中空气动力学等效直径小于 2.5μm 的颗粒物。国际上多年来对 PM$_{2.5}$ 污染与居民急性死亡关系的流行病学研究证明，PM$_{2.5}$ 浓度每升高 100μg/m^3，居民每日死亡率将增加 12.07%。世界卫生组织表示 PM$_{2.5}$ 超过 10μg/m^3 就会对人体造成伤害。有关研究表明我国 PM$_{2.5}$ 的平均浓度在 30μg/m^3 以上，在 2012 年，北京市及周边地区遭遇多个严重空气污染天气，根据北京市 35 个 PM$_{2.5}$ 监测点数据显示，2012 年北京市 PM$_{2.5}$ 年平均为 106μg/m^3[1]。森林植被作为地球上重要的组成部分，对调节生物圈生态环境具有不可替代的作用 [2]。为了充分利用森林植被对 PM$_{2.5}$ 的消除作用，还需要对森林调控PM$_{2.5}$ 的作用进行深入研究。目前，在研究时间跨度上，对绿地与空气颗粒物关系研究主要以某个时段或某些季节为主 [3-6]，缺少全年的、全天的连续监测分析。而空气颗粒物的浓度分布很不均匀，且有较大的时间变化率，在某个时段或某些季节的变化并不能说明全年或全天的实际变化情况。本章研究分析了绿地内空气颗粒物 PM$_{2.5}$ 浓度的年变化规律，并对城市颗粒物浓度与环境因子的关系进行了初步分析，进一步揭示城市绿地调控 PM$_{2.5}$ 的作用机理。

1 材料与方法

1.1 研究区概况

在北京市园林科学研究院院内选取典型的乔灌草配置型绿地作为试验样地，并在院内选取裸地作为对照点。研究区地处北京市东四环外，北纬 39.97°，东经 116.46°。气候为典型的暖温带半湿润大陆性季风气候，夏季高温多雨，冬季寒冷干燥。年均温8.5 ～ 9.5℃，夏季各月平均气温都在 24℃以上，年降水量 540mm，年平均蒸发量约为 730mm。该样地群落结构为油松 – 小叶黄杨 + 平枝栒子 – 早熟禾 + 野牛草（*Pinus tabuliformis–Buxus sinica* var. *parvifolia*+ *Cotoneaster horizontalis–Poa annua* var. *annua*+

Buchloe dactyloides）。乔灌草层次分明，结构稳定。

1.2　指标的选取

（1）PM$_{2.5}$颗粒物浓度：在绿地及对照点内各放置一台崂应2030型中流量智能采样器，每天膜采样称重得出PM$_{2.5}$质量浓度数据；

（2）空气温湿度、风速（包括最大风速、平均风速）：北京市气象局四元桥站点数据。

1.3　指标的测定

在2012年2月、4月、7月、11月各月中旬选取10d，每天11：00至第二天10：00，每天取膜1次，进行称重。同时记录温湿度、风速。采样高度为1.5m，与成人呼吸高度基本一致。每月10d颗粒物浓度的平均值为当季颗粒物浓度值。

1.4　统计方法

试验数据利用SPSS10.0软件进行独立样本T检验及双变量相关分析。

2　不同季节城市绿地空气PM$_{2.5}$浓度的变化

北京市全年城市绿地空气内PM$_{2.5}$浓度为71.8μg/m³，对照点空气内PM$_{2.5}$浓度为80.9μg/m³。全年绿地内PM$_{2.5}$的浓度低于对照点内PM$_{2.5}$浓度11%。为了探究PM$_{2.5}$浓度在全年是否存在显著差异，对全年空气中PM$_{2.5}$浓度在绿地与对照点的情况进行独立样本T检验，得出F值为0.380，相伴概率为0.54 > 0.05，PM$_{2.5}$浓度在绿地与空地中没有显著差异。其可能与研究区内整体环境相差不大有关。

表1　城市绿地空气PM$_{2.5}$浓度的全年均值　　　　　　　　单位：μg/m³

绿地类型	绿地	对照点	F值	Sig.
均值	71.8	80.9	0.380	0.540

从不同季节空气PM$_{2.5}$浓度的变化来看（图1），一年之中空气PM$_{2.5}$浓度在不同季节存在差异，在春季较大，秋季最低，又由于植物生长有一定的季节性，因此下面分别将从不同季节绿地空气PM$_{2.5}$浓度的变化情况进行分析。

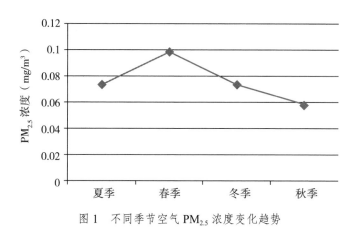

图 1　不同季节空气 PM$_{2.5}$ 浓度变化趋势

2.1　春季

为了探究 PM$_{2.5}$ 浓度在春季是否存在显著差异，对春季 PM$_{2.5}$ 浓度进行独立样本 T 检验，得出 F 值为 1.805，P 为 0.2 > 0.05，从总的 PM$_{2.5}$ 浓度变化来看，春季 PM$_{2.5}$ 浓度在绿地与空地中没有显著差异，但从表 2 可知，按照均值将 PM$_{2.5}$ 浓度进行排序，其大小顺序为对照点 > 绿地。绿地内 PM$_{2.5}$ 的浓度低于对照点裸地内 PM$_{2.5}$ 浓度 3%。

春季 PM$_{2.5}$ 浓度高于夏季与冬季，可能原因是进入春季，天气干燥以及沙尘暴引起的土壤粒子逐渐增加，春季频繁发生的沙尘天气对土壤尘细粒子有重要贡献，PM$_{2.5}$ 的浓度也逐渐增加。

表 2　春季城市绿地与裸地空气 PM$_{2.5}$ 浓度的比较　　　　　单位：μg/m^3

	均值	均值标准误差	最小值	最大值
绿地	96.7	0.0126	35.8	146.8
对照	99.7	0.0202	26.6	202.7

2.2　夏季

为了探究 PM$_{2.5}$ 浓度在夏季是否存在显著差异，对夏季 PM$_{2.5}$ 浓度进行独立样本 T 检验，得出 F 值为 0.182、P 为 0.676 > 0.05，从总的 PM$_{2.5}$ 浓度变化来看，夏季绿地与对照点空气 PM$_{2.5}$ 浓度没有显著差异。

夏季空气 PM$_{2.5}$ 浓度的大小顺序为对照 > 绿地（表 3）。从不同季节绿地与空地空气 PM$_{2.5}$ 浓度对比可以发现，夏季绿地内空气 PM$_{2.5}$ 浓度与空地差别最大，低于空地 26%。PM$_{2.5}$ 在大气中的寿命最长，主要靠降水冲刷和重力沉降作用清除，2012 年夏季雨量大、降水次数多，$PM_{2.5}$浓度总体较低，夏天绿地内植物枝叶生长茂盛，叶面积大，可以附着更多颗粒物，因此绿地内$PM_{2.5}$浓度较低。空地内颗粒物无法附着，悬浮于空气中，由于日照时间长，光化学反应尤其活跃，生成了更多的粒径较小的二次性气溶胶。

表3　夏季城市绿地与裸地空气$PM_{2.5}$浓度的比较　　　　单位：μg/m³

	均值	均值标准误差	最小值	最大值
绿地	62.5	0.0279	0	226.8
对照	84.3	0.0383	8.7	336.9

2.3　秋季

为了探究$PM_{2.5}$浓度在秋季是否存在显著差异，对秋季$PM_{2.5}$浓度进行独立样本T检验，得出F值为0.248，P为0.628＞0.05，从总的$PM_{2.5}$浓度变化来看，秋季$PM_{2.5}$浓度在绿地与空地中没有显著差异，但从表4可知，按照均值将$PM_{2.5}$浓度进行排序，其大小顺序为对照点＞绿地。绿地内$PM_{2.5}$的浓度低于对照点裸地内$PM_{2.5}$浓度19.3%。

秋季$PM_{2.5}$浓度较低，可能原因是入秋下了一场雪后，风力较大，$PM_{2.5}$在空气中被吹散，浓度也随即降低。

表4　秋季城市绿地与裸地空气$PM_{2.5}$浓度的比较　　　　单位：μg/m³

	均值	均值标准误差	最小值	最大值
绿地	51.5	0.0192	0	148.1
对照	63.8	0.0241	0.7	189.1

2.4　冬季

为了探究$PM_{2.5}$浓度在冬季是否存在显著差异，对冬季$PM_{2.5}$浓度进行独立样本T检验，得出F值为0.083、P为0.777＞0.05，从总的$PM_{2.5}$浓度变化来看，冬季不同类型绿地空气$PM_{2.5}$浓度没有显著差异。

冬季空气$PM_{2.5}$浓度的大小顺序为绿地＞对照点（表5）。从不同季节绿地与空地空气$PM_{2.5}$浓度对比可以发现，冬季绿地内空气$PM_{2.5}$浓度与空地差别最小，而且绿地内高于空地。这与冬季落叶植物进入相对休眠期，植物叶片枯落，植物滞尘能力降低，绿地内环境与空地环境一致有关。

表 5　冬季城市绿地与裸地空气 PM$_{2.5}$ 浓度的比较　　　　单位：μg/m^3

	均值	均值标准误差	最小值	最大值
绿地	74.1	0.0163	0	151.7
对照	73.9	0.0159	26.4	170.0

3　不同天气条件下空气 PM$_{2.5}$ 浓度情况对比

气象条件与颗粒物有不同程度的相关关系[7]。通过对空气 PM$_{2.5}$ 浓度与温度、相对湿度进行偏相关分析（表 6），结果显示，春季，空气 PM$_{2.5}$ 浓度与相对湿度存在显著正相关关系，空气湿度越大，空气中 PM$_{2.5}$ 浓度也越大；空气 PM$_{2.5}$ 浓度与温度没有显著相关关系。冬季与夏季，空气 PM$_{2.5}$ 浓度与温度、相对湿度都没有显著相关关系。

表 6　绿地空气 PM$_{2.5}$ 浓度与气象因子相关分析

样地	相关系数	
	PM$_{2.5}$ 与温度	PM$_{2.5}$ 与相对湿度
冬季	−0.341	−0.333
春季	−0.329	0.835*
夏季	0.353	0.493

4　结论

全年绿地内 PM$_{2.5}$ 的浓度低于裸地内 PM$_{2.5}$ 浓度 10%。不同季节空气 PM$_{2.5}$ 浓度比较，秋季最低，春季最高。城市绿地空气 PM$_{2.5}$ 浓度与裸地不同季节变化来看，春季、夏季与秋季绿地内空气 PM$_{2.5}$ 浓度都低于裸地，夏季绿地内空气 PM$_{2.5}$ 浓度与裸地差别最大，低于空地 26%；冬季绿地与裸地差别很小。春季，空气 PM$_{2.5}$ 浓度与相对湿度存在显著正相关关系，空气湿度越大，空气中 PM$_{2.5}$ 浓度也越大。

颗粒物与绿地类型的关系较复杂，除了受绿地结构、绿地类型的影响以外，不同季节、不同时间也有变化。春季 PM$_{2.5}$ 浓度高于夏季、冬季与秋季，可能原因是进入春季，天气干燥以及沙尘暴引起的土壤粒子逐渐增加，春季频繁发生的沙尘天气对土壤尘细粒子有重要贡献，PM$_{2.5}$ 的浓度也逐渐增加。夏季多层复合结构的乔灌草绿地中树木郁闭度和地被物覆盖度都很高、绿量大，滞留颗粒物较多，因此绿地内 PM$_{2.5}$ 浓度较低。空地内颗粒物无法附着，悬浮于空气中，由于日照时间长，光化学反应尤其活跃，生成了更多的粒径较小的二次性气溶胶。

采取措施增加城市林木数量，建设植物组成合理的复层结构绿地，不仅可以起到很好的降尘、滞尘作用，而且能有效减少二次扬尘，对提高城市空气质量也非常有益。

参考文献

[1] http://zx.bjmemc.com.cn/，2013-3-25.

[2] 吴海龙，余新晓，师忱，等．PM$_{2.5}$特征及森林植被对其调控研究进展 [J]. 中国水土保持科学，2012, 10（6）：116-122.

[3] Chen K S, Lin C F, Chou Y M. Determination of source contributions to ambient PM$_{2.5}$ in Kaohsiung, Taiwan, using a receptor model[J]. J Air Waste Manag Assoc, 2001, 51: 429-498.

[4] 张新献，古润泽，陈自新，等．北京城市居住区绿地的滞尘效益 [J]. 北京林业大学学报，1997, 19（4）：12-17.

[5] 周志翔，邵天一，王鹏程，等．武钢厂绿地景观类型空间结构及滞尘效应 [J]. 生态学报，2002, 22（12）:2036-2040.

[6] 孙淑萍，古润泽，张晶．北京城区不同绿化覆盖率和绿地类型与空气中可吸入颗粒物（PM$_{10}$）[J]．中国园林，2004（3）：77-79.

[7] Meenakshi P, Saseetharan M K. Analysis of seasonal variation of suspended particulate matter and oxides of nitrogen with reference to wind direction in coimbatore city[J]. Journal-EN, 2003, 84: 1-5.

第二部分

园林植物滞留大气颗粒物
能力评价

第一章　园林植物滞留不同粒径大气颗粒物的规律及能力比较

　　大气中颗粒物明确的致癌风险越来越得到重视，尤其 $PM_{2.5}$ 因其粒径小、重量轻，在大气中的滞留时间长，是雾霾天气形成最主要的因素，严重影响生产和生活[1,2]。在控制减少污染源排放的同时，借助自然界的清除机制也是缓解城市大气污染压力的有效途径[3-5]。为了有效降低城市空气中的颗粒污染物和提高人居环境质量，各级政府大力营造城市森林，通过森林巨大的叶片表面积和枝干发挥其滞尘效应。

　　国内外已有许多关于植物滞留 $PM_{2.5}$ 方面的研究[6-17]，由于 $PM_{2.5}$ 体积较小，且多易溶，大多数学者通过环境扫描电镜直接对叶片上颗粒物大小、数量进行量算[18-25]，从而得出叶片尘中粗颗粒物和细颗粒物数量与体积比例[26]，同时对颗粒物的组成成分进行分析[27,28]，并以此推断其来源与当地主要的排放源分布[29]。但缺少园林植物对 $PM_{2.5}$ 消减能力的定量化研究，因此无法定量评价园林植物对环境颗粒物的实际消减能力。为指导合理选择城市绿化植物种类，提高植被降低 $PM_{2.5}$ 等颗粒物污染的能力，本章在北京城区选择常用园林植物 5 种乔木和 4 种灌木，对选定的 9 种常用园林植物进行植物叶片滞留不同粒径颗粒物尤其是 $PM_{2.5}$ 的规律和能力进行比较，提炼出园林植物应对 $PM_{2.5}$ 污染的基础研究成果，为应对 $PM_{2.5}$ 污染的城市绿地建设提供技术支撑。

1　材料与方法

1.1　供试植物种类

　　本研究在北京城区选择常用园林树种 9 种，其中包括 5 种乔木：绦柳（*Salix pendula*）、国槐（*Sophora japonica*）、钻石海棠（*Malus* 'Sparkler'）、杂交马褂木（*Liriodendron chinense × L. tulipifera*）和银杏（*Ginkgo biloba*）；4 种灌木：大叶黄杨（*Euonymus japonicas*）、金叶女贞（*Ligustrum × vicaryi*）、小叶黄杨（*Buxus microphylla*）和月季（*Rosa chinensis*），每种植物均选择生长状况良好的成年植株。

9 种园林植物材料均采自北京市园林科学研究院（简称科研院）内（具体地点如表1），避免不同环境条件下大气污染不同带来的误差。

表 1　9 种园林植物的位置表

	树种	平均高度（m）	平均胸径（cm）	平均冠幅（m）	地点
乔木	绦柳 S. pendula	15.83 ± 1.77	42 ± 4.59	8.84 ± 1.69	科研院 2 号楼西
	国槐 S. japonica	10.13 ± 0.61	21 ± 4.53	5.82 ± 0.6	科研院 5 号大棚南
	钻石海棠 M. 'Sparkler'	6 ± 1.21	24 ± 2.5	5.43 ± 0.84	科研院 2 号楼东
	杂交马褂木 L. chinense ×L. tulipifera	11.83 ± 2.07	24.5 ± 2.45	6.03 ± 0.49	科研院 2 号楼东
	银杏 G. biloba	11.27 ± 2.67	22.5 ± 6.43	6.50 ± 0.97	科研院 2 号楼东
灌木	大叶黄杨* E. japonicus	0.65*	–	0.375 ± 0.04	科研院 2 号楼东
	金叶女贞* Ligustrum × vicaryi	0.65*	–	0.196 ± 0.027	科研院 1 号楼东
	小叶黄杨* B. microphylla	1.0*	–	0.196 ± 0.023	科研院 1 号楼东
	月季 R. chinensis	1.5 ± 0.1	–	2.13 ± 0.12	科研院 1 号楼东

注：* 为绿篱。

1.2　研究方法

1.2.1　样品采集与测定

一般认为，15mm 的降雨量就可以冲掉植物叶片的降尘，然后重新滞尘[27]。根据北京市的降雨特点，于 2012 年 7 月 5 日雨后（雨量＞15mm）5d、9 月 11 日雨后（雨量＞15mm）10d 对选好的树种依据其自身特点从上、下不同高度各采集叶片 3 片，每种植物在 3 株生长状况良好的个体重复采样 3 次，乔木的下层采样高度约为 150cm（低矮枝条），乔木的上层采样高度距下层纵向高度差距在 150cm 以上，灌木的下层采样高度约为 10cm，灌木的上层采样高度距下层纵向高度差距在 40cm 以上，叶片采集时选择叶面朝上生长的成熟健康叶片，采集植物面向道路一侧的叶片，并同时立即将叶片封存于干净保鲜盒中以防挤压或叶毛被破坏。

1.2.2 叶片表面的电镜扫描

本研究采用 Hitachi 台式 TM3000 电镜观测叶片表面，每一观测叶片均是在叶片上随机裁剪的直径小于 70mm 的部分叶片，选择 TM3000 电镜电压 15kV，观测模式为分析模式，放大倍数为 1200 倍，存储格式为 TIFF。

1.2.3 颗粒物统计分析

由于观测影像上叶片颗粒物多为不规则形状且数量较多，所以在对其进行提取时首先利用 Erdas、Photoshop 等软件对影像进行增强处理，提取出颗粒物的栅格图像，再利用 ArcGIS 等软件对处理后的影像进行二值化、重分类等处理，提取出叶面颗粒物的矢量图像，并做进一步统计分析处理[28]，得出颗粒物的不同粒径分布情况。

本研究采用单位叶面积滞留的颗粒物体积，表示园林植物滞留颗粒物能力，用字母"A"表示，A= 颗粒物体积 / 观测叶面积，单位为 $\mu m^3/mm^2$，其中观测叶面积为固定值 $0.0182mm^2$。

具体流程如图 1 所示。

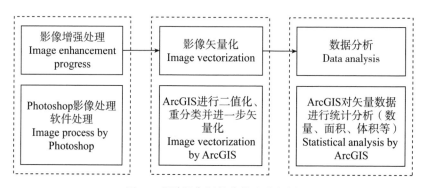

图 1 观测影像颗粒物提取流程图

2 结果与分析

2.1 植物叶片滞留颗粒物规律分析

2.1.1 叶表面不同粒径颗粒物的数量分布

由图 2 可以看出，雨后（雨量＞ 15mm）5d，在相同观测叶面积下，5 种乔木和 4 种灌木叶面颗粒物主要是 PM_{10}，在叶片表面占颗粒物总数的平均比例均为 98% 以上，$PM_{2.5}$ 均在 90% 以上，9 种树种叶表面滞留粗颗粒物的数量对总体数量的贡献非常小，均在 2% 以下。

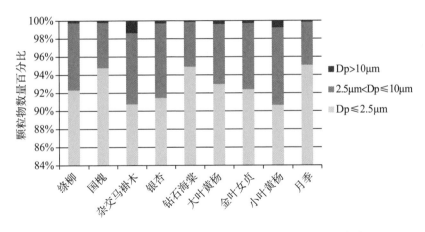

图2　5种乔木和4种灌木叶表面颗粒物不同粒径数量分布情况

2.1.2　叶表面不同粒径颗粒物的体积分布

体积分布在一定程度上反映了颗粒物的质量分布，并能进一步反映不同树种滞留颗粒物能力的大小。与叶片表面颗粒物的数量分布不同，虽然 $D_P > 10\mu m$（粗颗粒物）范围内的颗粒物对总体数量的贡献非常小，但这一粒径范围的颗粒物对体积的贡献较大，雨后（雨量 > 15mm）5d，9 个树种粗颗粒物的体积百分比均在 20% 以上，其中大叶黄杨的粗颗粒物百分比最高，达到了 49%，小叶黄杨仅次于大叶黄杨，为 45%，说明大叶黄杨和小叶黄杨滞留粗颗粒物的能力较强；而在总体数量上贡献较大的 $D_P \leqslant 2.5\mu m$（PM$_{2.5}$）范围内的颗粒物对体积的贡献最小，9 个树种在 8.5% ～ 17.6% 之间；9 种园林植物叶片滞留 PM$_{10}$ 的体积在总体积中的比例在 50% 以上，对颗粒物总体积贡献最大。

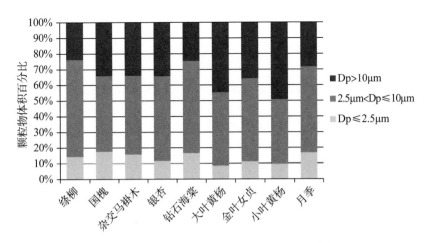

图3　5种乔木和4种灌木叶表面颗粒物不同粒径体积百分比

2.1.3　叶表面滞留颗粒物数量累积比较

如表 2 所示，在相同观测叶面积下，园林植物滞尘 10d 之后叶表面颗粒物数量均有所增加，增幅最大的是小叶黄杨，颗粒物总颗数增加了 3.6 倍，其次是大叶黄杨，增加了 2.5 倍，增幅最小的是月季，滞尘 10d 的叶表面颗粒物总颗数仅为滞尘 5d 时的 1.06 倍，两次滞尘叶表面滞留颗粒物数量最少的均为绦柳，可能与绦柳叶片的表面结构特点、着生方式和易受风等因素有关。在相同观测叶面积下，滞尘 10d 后 9 种园林植物叶表面滞留 $PM_{2.5}$ 的数量变化趋势与叶表面滞留总颗粒物的数量变化趋势基本一致，两次滞尘结果均显示叶表面滞留 $PM_{2.5}$ 的数量对叶表面滞留总颗粒物的数量贡献较大。

通过对 9 种园林植物滞尘 10d 后的叶表面颗粒物数量进行方差分析与多重比较发现，在相同观测叶面积下，不同树种滞留不同粒径的颗粒物数量有所差异，由大到小排序：大叶黄杨＞小叶黄杨＞国槐＞钻石海棠＞杂交马褂木＞金叶女贞＞月季＞银杏＞绦柳，其中，绦柳在滞留 TSP、PM_{10} 和 $PM_{2.5}$ 时颗粒物数量显著低于除银杏之外的其他 7 种树种，大叶黄杨、小叶黄杨和国槐叶表面滞留颗粒物的数量较多，并且显著高于月季、银杏和绦柳叶表面滞留的颗粒物数量（表 3）。

表 2　园林植物滞留颗粒物 5d 和 10d 的数量统计表

树种名	滞尘 5d			滞尘 10d		
	颗粒物总数（颗）	$PM_{2.5}$ 数量（颗）	PM_{10} 数量（颗）	颗粒物总数（颗）	$PM_{2.5}$ 数量（颗）	PM_{10} 数量（颗）
绦柳	151	139	150	251	237	250
国槐	1109	1049	1107	1747	1668	1743
杂交马褂木	551	517	550	1436	1338	1405
银杏	635	590	632	800	751	798
钻石海棠	566	540	566	1422	1364	1420
大叶黄杨	651	600	647	2319	1867	2305
金叶女贞	786	720	783	1339	1248	1336
小叶黄杨	413	368	409	1921	1794	1915
月季	911	882	910	971	908	970

表 3　9 种园林植物滞尘 10d 叶表面颗粒物数量均值、方差分析与多重比较

树种名	$PM_{2.5}$	PM_{10}	TSP
大叶黄杨	1867 ± 224a	2018 ± 236a	2014 ± 707a
小叶黄杨	1794 ± 170a	1921 ± 166a	1915 ± 500a
国槐	1668 ± 187a	1747 ± 182a	1743 ± 182a
钻石海棠	1364 ± 215abc	1422 ± 213abc	1420 ± 641abc
杂交马褂木	1338 ± 517abc	1436 ± 508abc	1405 ± 510 abc
金叶女贞	1248 ± 151 abc	1339 ± 167 abc	1336 ± 500 abc
月季	908 ± 236bc	971 ± 256bc	969 ± 850bc
银杏	751 ± 160cd	800 ± 168cd	798 ± 474cd
绦柳	237 ± 37d	251 ± 36d	250 ± 36d

注：平均值 ± 标准误，同一列中不同小写字母表示差异显著（$P < 0.05$）。

2.1.4　叶表面细颗粒物 $PM_{2.5}$ 的体积累积比较

　　9 种园林植物单位叶面积滞留细颗粒 $PM_{2.5}$ 的体积在滞尘 5d 和滞尘 10d 后的比较如图 4 所示，9 种园林植物单位叶面积的 $PM_{2.5}$ 体积均呈增加状态，与实际情况相符，其中增幅最大的为小叶黄杨，增加了 3.79 倍，大叶黄杨次之，灌木中除月季外在 5d 内细颗粒物体积的增加幅度均高于 5 种乔木，至于叶片持续滞留颗粒物多少天后达到饱和状态仍需进一步研究。

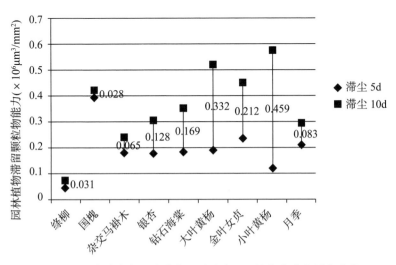

图 4　5 种乔木和 4 种灌木观测叶表面细颗粒物体积累积比较

2.2　园林树种滞留颗粒物能力比较

2.2.1　不同树种滞留颗粒物能力比较

9个树种单位叶面积滞留 TSP 和 PM_{10} 的体积均高于滞留 $PM_{2.5}$ 的体积，滞留 $PM_{2.5}$ 的体积均处于最低水平。由图 5 分析可知，不论滞留大颗粒物还是细小颗粒物，9 个园林树种滞留不同粒径颗粒物的能力大小趋势基本一致。

4 种灌木中，小叶黄杨滞留 TSP 和 PM_{10} 的能力最强，分别达到了 $7.8 \times 10^6\,\mu m^3/mm^2$ 和 $3.0 \times 10^6\,\mu m^3/mm^2$，大叶黄杨次之。而大叶黄杨在滞留 $PM_{2.5}$ 的能力略高于小叶黄杨，月季无论在滞留大颗粒物还是细小颗粒均处于最低水平，4 种灌木滞留 $PM_{2.5}$ 的能力比较：大叶黄杨＞小叶黄杨＞金叶女贞＞月季。

5 种乔木滞留 TSP 能力最强的是国槐，达到了 $4.8 \times 10^6\,\mu m^3/mm^2$，银杏仅次于国槐，绦柳处于最低水平，仅为 $0.058 \times 10^6\,\mu m^3/mm^2$。而 5 种乔木滞留 $PM_{2.5}$ 的能力比较：国槐＞钻石海棠＞银杏＞杂交马褂木＞绦柳。

通过方差分析发现，不同树种之间的滞留 $PM_{2.5}$ 能力差异显著，从大到小排序为：小叶黄杨＞大叶黄杨＞金叶女贞＞国槐＞钻石海棠＞银杏＞月季＞杂交马褂木＞绦柳。对 9 种树种之间的滞留 $PM_{2.5}$ 能力做多重比较发现，当 P 在 0.05 水平下，绦柳滞留 $PM_{2.5}$ 能力显著低于其他 8 种树种，小叶黄杨、大叶黄杨、金叶女贞和国槐的滞留 $PM_{2.5}$ 能力较强，并且显著高于其他几种树种。

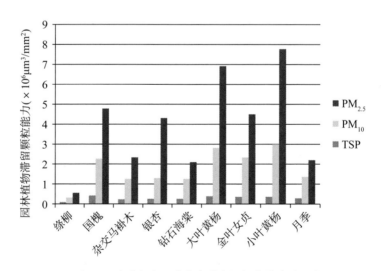

图 5　5 种乔木和 4 种灌木滞留颗粒物能力的比较

表 4　不同树种间滞留 PM$_{2.5}$ 能力的方差分析与多重比较

树种名 Species	小叶黄杨 Buxus microphylla	大叶黄杨 Euonymus japonicus	金叶女贞 Ligustrum × vicaryi	国槐 Sophora japonica	钻石海棠 Malus 'Sparkler'	银杏 Ginkgo biloba	月季 Rosa chinensis	杂交马褂木 Liriodendron chinense ×L. tulipifera	绦柳 Salix pendula
PM$_{2.5}$ (×10^6)	0.58 ± 0.04a	0.52 ± 0.08a	0.45 ± 0.06ab	0.42 ± 0.04ab	0.35 ± 0.04bc	0.31 ± 0.06bc	0.29 ± 0.09bc	0.24 ± 0.04c	0.07 ± 0.02d

注：平均值 ± 标准误，同一行中不同小写字母表示差异显著（$P < 0.05$）。

2.2.2　园林树种在不同高度滞留颗粒物能力的比较

由图 6、图 7 和图 8 可以看出，对于不同粒径的颗粒物，除绦柳以外，其余 8 个园林树种均呈现出下层叶片附着颗粒物的能力要强于上层叶片。主要是由于车辆和行人对已经由于沉降作用而降落于地面或路面的粉尘造成的二次扬尘，致使在下层的叶片滞尘量较高，其中由于绦柳叶片的着生方式，以及柳枝更易受风等气象因素影响而飘动，致使绦柳下层叶片附着颗粒物的能力较弱。

园林树种在不同高度滞留 PM$_{2.5}$ 的能力差异最明显的是大叶黄杨，其次为金叶女贞和国槐，滞留 PM$_{10}$ 的能力差异明显的前三种分别是小叶黄杨、大叶黄杨和金叶女贞，滞留 TSP 的能力差异最明显的是小叶黄杨，其次为大叶黄杨，而月季、钻石海棠和绦柳的不同高度叶片滞留 PM$_{2.5}$、PM$_{10}$ 和 TSP 能力差异不明显。

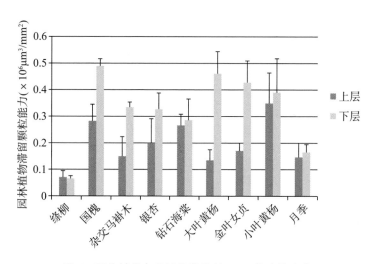

图 6　园林树种在不同高度滞留 PM$_{2.5}$ 能力的比较

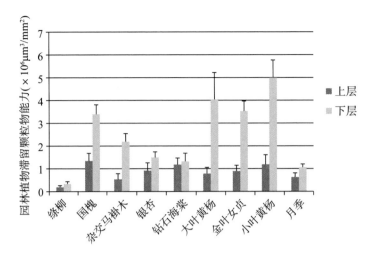

图 7 园林树种在不同高度滞留 PM$_{10}$ 能力的比较

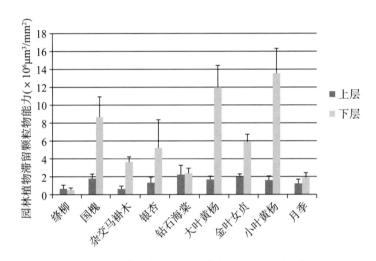

图 8 园林树种在不同高度滞留 TSP 能力的比较

2.3 供试植物叶表微结构特征

由于园林植物个体叶表面特性的差异，对颗粒物滞留能力也不同，图 9 分别是绦柳、国槐、钻石海棠、杂交马褂木、银杏、大叶黄杨、金叶女贞、小叶黄杨和月季叶片上表面微结构的电镜图像，由于颗粒物覆盖较少，还能清晰地观测到叶片表皮结构。从图像中可以清晰地看出叶片颗粒物形状为不规则块体、球体和聚合体，粒度小于 10 μm 居多。通过研究植物叶表皮结构并结合植物滞留细颗粒物能力的大小可知：大叶黄杨和小叶黄杨表层有蜡质结构，容易滞留细颗粒物；国槐叶表面波状突起多且有较多腺毛，波状突起形成的沟槽内和腺毛上可见较多细颗粒物；金叶女贞上表皮细胞有较窄的条状突起，细胞轮廓清晰，细胞与细胞之间形成的沟槽滞留较多细颗粒物；银杏上表皮细胞轮廓较清晰，细胞多为长条形，垂周壁下陷成较浅沟状结构，可见散在细颗粒物；钻石海棠叶表面有较浅沟壑，而杂交马褂木叶表面的沟壑比钻石海棠的更浅，且分布密度较钻石海棠的小；绦柳叶片表面有较宽的条状突起，突起间分布着气孔与较浅的纹理组织，这样的微形态结构不利于细颗粒物稳定固着。

结合植物滞留细颗粒物能力大小分析得出，植物叶表面不论是通过细胞之间的排列形成的沟槽还是通过各种条状突起、波状突起和脊状突起形成的沟槽，只要沟槽越密集、深浅差别越大，越有利于滞留细颗粒物，且叶表面有蜡质（如小叶黄杨和大叶黄杨）、腺毛（如国槐）等结构也有利于细颗粒物的滞留。

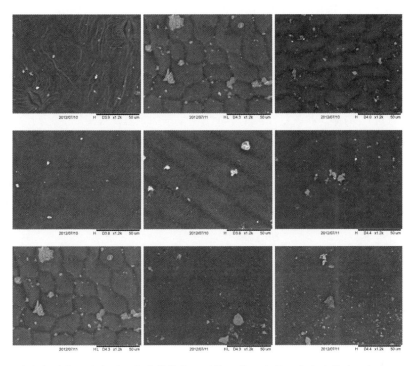

（从左到右，从上到下依次是绦柳、国槐、钻石海棠、杂交马褂木、银杏、
大叶黄杨、金叶女贞、小叶黄杨和月季）
图9　9种植物上层叶表面微结构环境扫描电镜图像

3　讨论

9种园林植物滞留 $PM_{2.5}$ 能力的方差分析结果表明，绦柳滞留 $PM_{2.5}$ 的能力显著低于其他8个树种，小叶黄杨、大叶黄杨、金叶女贞和国槐滞留 $PM_{2.5}$ 的能力较强，并且显著高于其他几个树种，目前大部分研究都集中在植物滞尘能力的比较上，在这

些研究中，植物滞留颗粒物的能力大小排序与本研究结果有一定的可比性。柴一新等[30]研究哈尔滨绿化树种滞尘效应时也表明垂柳在乔木树种中的滞尘能力处于劣势，李海梅等[31]研究表明大叶黄杨在灌木中的滞尘能力较强。张新献等[27]研究北京城市居住区绿地的滞尘能力时发现国槐滞尘能力较强，垂柳的滞尘能力较弱。

结合植物滞留细颗粒物能力大小分析得出，植物叶表面不论是通过细胞之间的排列形成的沟槽还是通过各种条状突起、波状突起和脊状突起形成的沟槽，只要沟槽越密集、深浅差别越大，越有利于滞留细颗粒物，且叶表面有蜡质（如小叶黄杨和大叶黄杨）、腺毛（如国槐）等结构也有利于细颗粒物的滞留。这与王蕾[28]的研究结果相吻合，Sæbø等[32]同样观测发现，表面叶片毛与蜡质含量与滞尘量呈显著的正相关，滞尘能力的重要特性体现在叶片毛和蜡质层上。

对于不同粒径的颗粒物，除绦柳以外，其余8个园林树种均呈现出下层叶片附着颗粒物的能力要强于上层叶片，这与高金晖等[33]学者的研究结果较一致，主要是由于车辆和行人对已经由于沉降作用而降落于地面或路面的粉尘造成的二次扬尘，致使在下层的叶片滞尘量较高，其中由于绦柳叶片的着生方式，以及柳枝更易受风等气象因素影响而飘动，致使绦柳下层叶片附着颗粒物的能力较弱；与滞尘5d相比，9种园林植物单位叶面积的$PM_{2.5}$的体积和数量在滞尘10d后均呈增加状态，与实际情况相符。通过对园林植物滞留不同粒径颗粒物的能力的分析可知：9种园林植物叶表面颗粒物大部分为$PM_{2.5}$，数量比占90%以上，而体积比占20%以下，说明园林植物对$PM_{2.5}$有一定的滞留作用。目前存在的植物滞留$PM_{2.5}$能力的研究数据相当有限，而且较难相互比较和验证，还需要大量研究和数据积累。

4　结论

（1）通过对园林植物滞留不同粒径颗粒物的能力的分析可知：9种园林植物叶表面颗粒物大部分为$PM_{2.5}$，数量比占90%以上，而体积比占20%以下，说明园林植物对$PM_{2.5}$有一定的滞留作用。

（2）与滞尘5d相比，9种园林植物单位叶面积的$PM_{2.5}$的体积和数量在滞尘10d后均呈增加状态，其中增幅最大的为小叶黄杨。

（3）不同树种之间的滞留$PM_{2.5}$能力差异显著，从大到小排序为：小叶黄杨＞大叶黄杨＞金叶女贞＞国槐＞钻石海棠＞银杏＞月季＞杂交马褂木＞绦柳。绦柳滞留$PM_{2.5}$能力显著低于其他8个树种，小叶黄杨、大叶黄杨、金叶女贞和国槐的滞留$PM_{2.5}$能力较强，并且显著高于其他几个树种（$P < 0.05$）。

（4）对于不同粒径($PM_{2.5}$、PM_{10}和TSP)的颗粒物，除绦柳以外，其余8个园林树种均呈现出下层叶片附着颗粒物的能力要强于上层叶片。

（5）结合植物滞留细颗粒物能力大小分析得出，植物叶表面不论是通过细胞之间的排列形成的沟槽还是通过各种条状突起、波状突起和脊状突起形成的沟槽，只要沟槽越密集、深浅差别越大，越有利于滞留细颗粒物，且叶表面有蜡质、腺毛等结构也有利于细颗粒物的滞留。

参考文献

[1] WU D, TIE X X, LI C C, *et al*. An extremely low visibility event over the Guangzhou region: A case study[J]. Atmospheric Environment. 2005, 39: 6568-6577.

[2] 杨新兴, 冯丽华, 尉鹏. 大气颗粒物 PM$_{2.5}$ 及其危害 [J]. 前沿科学, 2012, (6): 22-31.

[3] OTTEL E M , VAN BOHEMEN H D, FRAAIJ A L A. Quantifying the deposition of particulate matter on climber vegetation on living walls[J]. Ecological Engineering, 2010,36(2): 154-162.

[4] NOWAK D J , CRANE D E, STEVENS J C. Air pollution removal by urban trees and shrubs in the United States[J]. Urban Forestry & Urban Greening. 2006, 4(3-4): 115-123.

[5] BECKETT K P, FREER-SMITH P H, TAYLOR G. The capture of particulate pollution by trees at five contrasting urban sites[J]. Arboricultural Journal. 2000,24: 209-230.

[6] HEE-JAE HWANG, SE-JIN YOOK, KANG-HO AHN. Experimental investigation of subm icron and ultrafine soot particle removal by tree leaves[J].Atmospheric Environment, 2011,45:6987-6994.

[7] P.H. FREER-SMITH, K.P. BECKETT, GAIL TAYLOR. Deposition velocities to *Sorbus aria, Acer campestre,Populus deltoides × trichocarpa* 'Beaupre', *Pinus nigra* and × *Cupressocyparis leylandii* for coarse, fine and ultra-fine particles in the urban environment[J].Environmental Pollution, 2005, 133:157-167.

[8] K.PAUL BECKETT, PETER FREER-SMITH, GAIL TAYLOR. Effective tree species for local air quality management[J].Tree species and Air Quality, 2000, 26(1):12-19.

[9] B.A.K. PRUST, P.C.MISHRA, P.A. AZEEZY. Dust accumulation and leaf pigment content in vegetation near the national highway at Sambalpur, Orissa, India[J].Ecotoxicology and Environmental Safety, 2005, 60:228-235.

[10] DAI W, GAO J Q, CAO G *et al*. Chemical composition and source identification of PM$_{2.5}$ in the suburb of Shenzhen, China[J]. Atmospheric Research, 2013,122:391-400.

[11] 王兵, 张维康, 牛香, 等. 北京 10 个常绿树种颗粒物吸附能力研究 [J]. 环境科学, 2015, 36(2):408-414.

[12] 杨佳, 王会霞, 谢滨泽, 等. 北京 9 个树种叶片滞尘量及叶面微形态解释 [J]. 环境科学研究, 2015,28(3):384-392.

[13] 么旭阳, 胡耀升, 刘艳红. 北京市 8 种常见绿化树种滞尘效应 [J]. 西北林学院学报, 2014, 29(3): 92-95.

[14] 赵晨曦, 王玉杰, 王云琦, 等. 细颗粒物 (PM$_{2.5}$) 与植被关系的研究综述 [J]. 生态学杂志, 2013, 32(8):2203-2210.

[15] POSCHL U. Atmospheric aerosols: composition, transformation, climate and health effects[J]. Atmospheric Chemistry, 2005,44(46):7520-7540.

[16] STRACQUADANIO M , APOLLO G, TROMBINI C. A study of PM$_{2.5}$ and PM$_{2.5}$-associated polycyclic aromatic hydrocarbons at an urban site in the Po Valley(Bologna, Italy) [J]. Water, Air, and Soil Pollution, 2007,179(1/4):227-237.

[17] WANG X H , BI X H, SHENG G Y. Chemical composition and sources of PM$_{10}$ and PM$_{2.5}$ aerosols in Guangzhou, China[J]. Environmental Monitoring and Assessment, 2006,119(1/3):425-439.

[18] P.H.FREER-SMITH, SOPHY HOLLOYWAY, A.GOODMAN. The uptake of particulat es by an urban woodland: site description and particulate composition[J].Environmental pollution, 1997,95(1):27-35.

[19] 王赞红，李纪标.城市街道常绿灌木植物叶片滞尘能力及滞尘颗粒物形态 [J]. 生态环境，2006, 15（2）：327-330.

[20] 余海龙，黄菊莹.城市绿地滞尘机理及其效应研究进展 [J]. 西北林学院学报，2012, 27(6):238-241.

[21] 胡舒，肖昕，贾含帅，等.徐州市主要落叶绿化树种滞尘能力比较与分析 [J]. 中国农学通报，2012, 28(16):95-98.

[22] 李新宇，赵松婷，李延明，等.北方常用园林植物滞留颗粒物能力评价 [J]. 中国园林，2015, 31(3):72-75.

[23] 刘璐，管东生，陈永勤.广州市常见行道树种叶片表面形态与滞尘能力 [J]. 生态学报，2013, 33(8):2604-2614.

[24] 石辉，王会霞，李秋秋，等.女贞和珊瑚树叶片表面特征的 AFM 观察 [J]. 生态学报，2011a, 31(5):1471-1477.

[25] 石辉，王会霞，李秋秋.植物叶表面的润湿性及其生态学意义 [J]. 生态学报，2011b, 31(15): 4287-4298.

[26] 赵松婷，李新宇，李延明.园林植物滞留不同粒径大气颗粒物的特征及规律 [J]. 生态环境学报，2014, 23(2):271-276.

[27] 张新献，古润泽，陈自新.北京城市居住区绿地的滞尘效益 [J]. 北京林业大学学报，1997, 19(4): 14-19.

[28] 王蕾，高尚玉，刘连友.北京市 11 种园林植物滞留大气颗粒物能力研究 [J]. 应用生态学报，2006, 17(4): 597-601.

[29] 戴斯迪，马克明，宝乐，等.北京城区公园及其邻近道路国槐叶面尘分布与重金属污染特征 [J].环境科学学报，2013, 33(1):154-162.

[30] 柴一新，祝宁，韩焕金.城市绿化树种的滞尘效应——以哈尔滨市为例 [J]. 应用生态学报，2002, 13(9): 1121-1126.

[31] 李海梅，刘霞.青岛市城阳区主要园林树种叶片表皮形态与滞尘量的关系 [J]. 生态学杂志，2008, 27(10): 1659-1662.

[32] SæBø A, POPEK R, NAWROT B, et al.. Plant species differences in particulate matter accumulation on leaf surfaces[J].Science of the Total Environment, 2012, 427: 347-354.

[33] 高金晖，王冬梅，赵亮.植物叶片滞尘规律研究——以北京市为例 [J]. 北京林业大学学报，2007, 29(2): 94-99.

第二章 北方常用园林植物滞留颗粒物能力评价

随着城市化在我国的迅速发展，城市生态建设日益受到重视。城市化改变了自然的空气环境，粉尘、烟雾、有害气体增多；当前及刚刚过去的几年中，北京市及周边地区遭遇了严重空气污染天气，根据北京市 $PM_{2.5}$ 监测点数据显示，2012 年北京市 $PM_{2.5}$ 年平均为 $106\mu g/m^3$ [1]，大气颗粒物污染已经成为城市主要环境问题，对这些生态问题的治理，城市绿地规划及设计极其重要 [2,3,4]。选择适合本城市发展的、滞尘能力强的树种，无疑是城市绿地设计中的重要依据 [5,6]。

城市绿地规划、园林设计不仅要考虑美观，还须考虑生态效应 [7]。国外对树木滞尘能力研究较早，20 世纪 70 年代就已开始，并提出森林植被是颗粒态污染物蓄积库的说法，他们的研究重点是树木滞纳放射性颗粒物和痕量金属颗粒物 [8,9]。关于植物滞尘能力差异的研究是国内研究的主要方面，许多学者就不同植物种类之间滞尘能力和不同结构绿地系统滞尘效果两个水平上进行了对比研究。对于单株植物滞尘能力研究包括乔木、灌木和攀缘植物，绿地系统滞尘能力研究包括防护林、专类园和观赏性草坪、多行复层绿带和单行乔木绿带 [10,11]。

然而，不同的植物对滞尘的能力和滞尘的积累量有较大差异，不同的植物叶片结构、生长阶段、树冠结构、外界环境因素等都对降尘产生不同作用 [12-14]。本章综合多种评价指标，针对北京城市常用绿化树种的滞尘能力进行了分类，选择出滞尘能力强的树种，为城市绿地设计及建设提供科学依据。

1 材料与方法

1.1 研究区概况

试验观测 2013 年在北京市园林科学研究院的植物科普园及周边公园内开展，试验区地处北京市东四环边，北纬 39.97°，东经 116.46°，面积约为 1hm²。北京市全年降水量的 80% 主要集中在 5 月下旬至 8 月上旬，春秋两季干旱少雨水。

北京地区 2013 年降水量为 508.4mm，比常年减少 6.9%。大范围强降水过程主要集中在 7 月前半月，分别是 7 月 1～2 日、7 月 8～10 日、7 月 15～16 日。其中，7

月 15～16 日北京市出现今年最大降雨过程，全市平均降水量为 58.1mm，达暴雨量级。年降水日数接近常年。观象台年降水日数为 71d。日降水量在 15mm 以上的天数为 7d。

1.2　供试植物种类选择

根据北京市第 7 次绿化普查数据，选取在北京市园林绿化中应用频率较高的 60 种植物进行研究 [15]。其中包括常用绿化植物 31 种乔木、27 种灌木、2 种藤本，对选定的 60 种常用绿化植物进行植物叶片滞留颗粒物能力的评价，每种植物均选择生长状况良好且具有代表性的植株。乔木分别是旱柳（*Salix matsudana*）、杜仲（*Eucommia ulmoides*）、雪松（*Cedrus deodara*）、银杏（*Ginkgo biloba*）、柿树（*Diospyros kaki*）、元宝枫（*Acer truncatum*）、小叶朴（*Celtis bungeana*）、紫叶李（*Prunus cerasifera*）、七叶树（*Aesculus chinensis*）、北京丁香（*Syringa reticulata*）、白玉兰（*Magnolia denudata*）、国槐（*Sophora japonica*）、黄栌（*Cotinus coggygria*）、毛白杨（*Populus tomentosa*）、圆柏（*Sabina chinensis*）、栾树（*Koelreuteria paniculata*）、家榆（*Ulmus pumila*）、樱花（*Prunus serrulata*）、白蜡（*Fraxinus chinensis*）、碧桃（*Prunus persica*）、刺槐（*Robinia pseudoacacia*）、垂柳（*Salix babylonica*）、臭椿（*Ailanthus altissima*）、西府海棠（*Malus micromalus*）、油松（*Pinus tabuliformis*）、山桃（*Prunus davidiana*）、楸树（*Catalpa bungei*）、流苏（*Chionanthus retusus*）、构树（*Broussonetia papyrifera*）、丝绵木（*Euonymus maackii*）、绦柳（*Salix pendula*）；灌木分别是大叶黄杨（*Euonymus japonicus*）、小叶黄杨（*Buxus microphylla*）、木槿（*Hibiscus syriacus*）、棣棠（*Kerria japonica*）、钻石海棠（*Malus* 'Sparkler'）、连翘（*Forsythia suspensa*）、金钟花（*Forsythia viridissima*）、紫叶矮樱（*Prunus × cistena*）、迎春（*Jasminum nudiflorum*）、紫丁香（*Syringa oblata*）、沙地柏（*Sabina vulgalis*）、黄刺玫（*Rosa xanthina*）、牡丹（*Paeonia suffruticosa*）、蔷薇（*Rosa multiflora*）、胡枝子（*Lespedeza bicolor*）、卫矛（*Euonymus alatus*）、丁香（*Syringa villosa*）、锦带花（*Weigela florida*）、紫薇（*Lagerstroemia indica*）、天目琼花（*Viburnum opulus*）、榆叶梅（*Prunus triloba*）、月季（*Rosa chinensis*）、金银木（*Lonicera maackii*）、紫叶小檗（*Berberis thunbergii* 'Atropurpurea'）、女贞（*Ligustrum lucidum*）、紫荆（*Cercis chinensis*）、红瑞木（*Swida alba*）；藤本分别是紫藤（*Wisteria sinensis*）、爬山虎（*Parthenocissus tricuspidata*）。

1.3　样品采集与测定

一般认为，15mm 的降雨量就可以冲掉植物叶片的降尘，然后重新滞尘。根据北京市 2013 年降雨集中的特点，于雨量大于 15mm 后 7d、14d（两次降水过程最长间隔）时进行采样。在植株生长茂盛的季节内，于 2013 年 8 月 20 日、9 月 3 日、10 月 8 日共采集到雨后 7d 滞尘样本 3 次，2014 年 10 月 15 日采集 14d 滞尘样本 1 次，保证采集叶片来自同株数同一枝条。采集地点为北京市园林科学研究院周边 100m 内，其主要污染源为同一道路交通污染。

对每种植物在 3 株生长状况良好的个体，依据其自身特点从树冠四周及上中下各部位均匀采集叶片 30 ～ 300 片，采集时选择生长状态良好且具有代表性的叶片，并同时立即将叶片封存于干净塑封袋中以防挤压或叶毛被破坏。

1.4　叶片处理及单位叶面积滞尘量计算方法

叶片用蒸馏水浸泡 2h 以浸洗掉附着物，并用不掉毛的软毛刷刷掉叶片上残留的附着物，最后用镊子将叶片小心夹出；浸洗液用已烘干称重（W1）的滤纸抽滤，将滤纸于 80℃下烘 24h，再以 1/10000 天平称重（W2），两次重量之差即为采集样品上所附着的降尘颗粒物重量。夹出的叶片晾干后用 3000c 叶面积仪求算叶面积 A。（W2-W1）/A 即为滞尘树种单位叶面积滞尘量（g/m^2）。

1.5　植物绿量的计算

绿量是指（植物叶片面积）总量的大小。本研究对 60 种植物材料个体的叶面积与胸径、冠高或冠幅进行实际测量，并将各参数代入北京市常用园林植物个体一元、二元绿量计算回归模型，计算得出植株绿量[16]。

1.6　单株植物滞尘量的计算方法

单株滞尘量 = 绿量 × 单位叶面积滞尘量

1.7　数据处理与分析

兼顾北京地区植物生长的季相特征以及降水频率特征，选取植物单位叶面积与整株滞尘 7d、14d 的量以及二者差值等特征分别进行分析，并利用聚类分析评价方法进行植物滞尘能力的综合评价。

由于样本量大，所以选择 K- 均值聚类方法，利用 SPSS17.0 软件进行迭代计算，选取植物单位叶面积 7d 滞尘量、单株植物 7d 滞尘量以及单株植物 7d 的滞尘累积量等 3 个因子作为聚类分析的 3 个评价因子。将 58 种植物分乔灌两类，按照高滞尘能力、中滞尘能力及低滞尘能力 3 个等级进行划分。

2　结果分析

2.1　园林植物单位叶面积滞尘量比较

通过对 60 种北京市常用园林植物滞尘 7d 的叶片重复采样 3 次，得出 60 种常用园林植物单位叶面积滞尘量的排序，其中包括 31 种乔木、27 种灌木和 2 种藤本。

由图 1、图 2 可以看出，不论灌木、藤本还是乔木，个体之间滞尘能力有很大的差异，落叶乔木银杏（1.619g/m²）为绦柳（0.079g/m²）的 20 倍多；常绿乔木雪松（3.405g/m²）是油松（0.663g/m²）的 5 倍多。7d 的灌木滞尘能力中，小叶黄杨（6.102g/m²）是紫叶小檗（0.312g/m²）的 19 倍多。

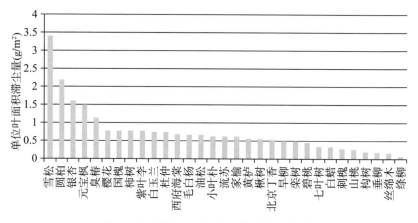

图 1　乔木单位叶面积滞尘能力大小比较

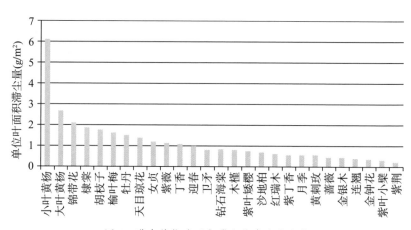

图 2　灌木单位叶面积滞尘能力大小比较

2.2　植物单位叶面积滞尘能力累积比较

由图 3、图 4 可以看出，园林植物 14d 滞尘量与 7d 滞尘量相比，都呈现增加状态，乔木中刺槐、毛白杨、栾树、七叶树、垂柳等 5 种植物单位叶面积的 7d 累积量最多，14d 滞尘量是 7d 滞尘量的 1～3 倍多。灌木中紫荆、丁香、金银木、紫薇、紫叶小檗、天目琼花等 6 种植物单位叶面积的 7d 累积量最多，14d 滞尘量（1.191g/m²）是 7d 滞尘量（0.213g/m²）的 1～4 倍多；乔木中臭椿、北京丁香、樱花、雪松、白玉兰等植物单位叶面积的 7d 累积量较少，灌木中金钟花、木槿、钻石海棠、卫矛等植物单位叶面积的 7d 累积量较少，都仅仅增加了不到 1% 的滞尘量。

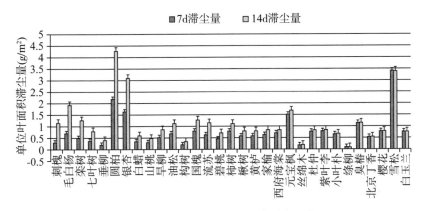

图 3　乔木单位叶面积滞尘能力累积比较

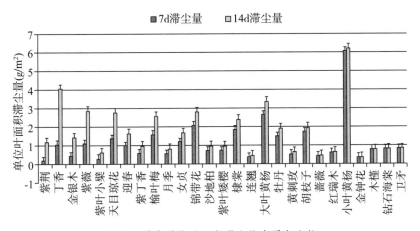

图 4　灌木单位叶面积滞尘能力累积比较

2.3 单株植物滞尘量比较

综合考虑不同植株的绿量大小，计算园林植物整株树每周的滞尘能力，分析个体之间滞尘能力差异。对比落叶乔木整株树每周的滞尘能力（图 5），元宝枫（263.055g/周）是丝绵木（0.962g/周）的 273 倍多；常绿乔木圆柏（216.076g/周）是油松（74.206g/周）的 2.9 倍多。乔木中单周滞尘量较多的植物有元宝枫、圆柏、银杏、臭椿、国槐、毛白杨、小叶朴、家榆、雪松、刺槐和流苏，整株树每周滞尘量均在 100g/周以上，较弱的为绦柳、樱花、紫叶李、西府海棠、北京丁香、碧桃、山桃和丝绵木，滞尘量均在 14g/周以下。

灌木整株树每周的滞尘能力中（图 6），落叶灌木榆叶梅（16.523g/周）是紫叶小

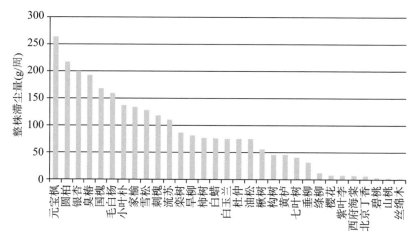

图 5 乔木整株树每周滞尘量

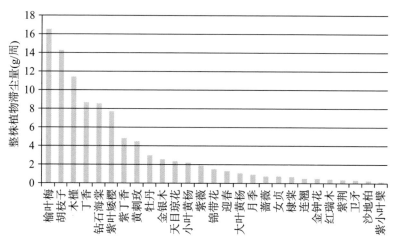

图 6 灌木整株树每周滞尘量

檗（0.115g/周）的143倍多；常绿灌木小叶黄杨（2.258g/周）是沙地柏（0.273g/周）的8倍多。按滞尘能力大小归类，灌木中较强的有榆叶梅、胡枝子、木槿、丁香、钻石海棠、紫叶矮樱，均超过7g/周，较弱的为连翘、金钟花、红瑞木、紫荆、卫矛、沙地柏和紫叶小檗，均未达到0.6g/周。

藤本中，爬山虎整株每周滞尘量（1.524g/周）略高于紫藤（1.462g/周）。

2.4　植物滞尘能力评价

选取58种乔灌木单位叶面积1周滞尘量、单株植物1周滞尘量以及单株植物1周的滞尘累积量等3个因子作为聚类分析的3个评价因子。将58种植物分乔灌两类，按照高滞尘能力、中滞尘能力及低滞尘能力3个等级进行划分。首先确定初始聚类的各变量中心点，未经K-均值算法迭代，其类别间距离并非最优；经迭代运算后类别间各变量中心值得到修正。对聚类结果的类别进行方差分析，方差分析表明，类别间距离差异的概率值 < 0.005，即聚类效果好，见表1、表2。

表3显示，原有31种乔木聚合成3类，其中第一类高滞尘能力含有4种乔木，分别为圆柏、银杏、毛白杨与刺槐。第二类中滞尘能力含有5种乔木，分别为元宝枫、臭椿、国槐、小叶朴、家榆。第三类低滞尘能力含有22种乔木。

表 1　乔木聚类结果的方差分析

	聚类		误差			
	均方	df	均方	df	F	Sig.
单位叶面积滞尘量	.627	2	.426	28	1.472	.002
单株植物滞尘量	52626.904	2	1714.646	28	30.693	.000
滞尘累积量	92318.887	2	1755.343	28	52.593	.000

表 2　灌木聚类结果的方差分析

	聚类		误差			
	均方	df	均方	df	F	Sig.
单位叶面积滞尘量	.010	2	1.441	24	.007	.003
单株植物滞尘量	224.126	2	3.870	24	57.920	.000
单周滞尘累积	266.434	2	4.547	24	58.602	.000

表3 园林植物滞尘能力分类结果

类别	滞尘能力		
	弱	中	强
乔木	雪松、樱花、柿树、紫叶李、白玉兰、杜仲、西府海棠、油松、流苏、黄栌、楸树、北京丁香、旱柳、栾树、碧桃、七叶树、白蜡、山桃、构树、垂柳、丝绵木、绦柳（22种）	元宝枫、臭椿、国槐、小叶朴、家榆（5种）	圆柏、银杏、毛白杨、刺槐（4种）
灌木	小叶黄杨、大叶黄杨、锦带花、棣棠、牡丹、天目琼花、女贞、紫薇、迎春、卫矛、钻石海棠、紫叶矮樱、沙地柏、红瑞木、紫丁香、月季、黄刺玫、蔷薇、金银木、连翘、金钟花、紫叶小檗、紫荆（23种）	丁香（1种）	胡枝子、榆叶梅、木槿（3种）

27种灌木聚合成3类，其中有3种灌木属于高滞尘能力，分别为胡枝子、榆叶梅与木槿。1种灌木属于中滞尘能力，为丁香。其余23种灌木属于低滞尘能力。

3 结论与讨论

城市的建筑、公路的表面粗糙程度很低，降尘颗粒在其表面上很容易被风刮起，而植物在单位土地面积上巨大的叶面积、叶表面的细微结构和叶的分泌组织，通过附着、吸附与直接拦截等方式进行滞尘[8,17]。此外，植物能随着生长不断扩大叶面积，年年更新新叶，这是其他界面所不能比的。因此从滞尘方面对树种进行选择很有意义。

经测定，不同的植物由于受到叶片结构、生长阶段、树冠结构、外界环境等多因素的影响，植物个体之间滞尘能力有很大的差异。综合考虑影响因子，选择北京市具有代表性的60种绿化植物作为研究对象，在同一开敞式的环境条件下，进行采样，对单位叶面积7d与14d的滞尘量与滞尘累积量、整株植物滞尘量分别进行分析，并利用聚类分析方法对植物滞尘能力进行了系统评价。综合考虑各影响因子，进行聚类分析，筛选出北京市滞尘能力较强的植物种类，乔木中，圆柏、银杏、毛白杨与刺槐属于高滞尘能力；灌木中，胡枝子、榆叶梅与木槿属于高滞尘能力。

测定树种的滞尘能力是城市绿地系统设计的依据，高大的乔木能起到滞阻、吸附外界降尘的作用，较密的灌草则能有效减少地面的扬尘。攀缘植物是最佳的垂直绿化材料[18,19,20]。选择适合本城市发展的、滞尘能力强的植物，以乔灌草不同生活型植物进行搭配，可以形成不同的景观结构，增加多样性和观赏性。如果在城市中栽植、引进滞尘能力强的树种，能形成群落或森林植被，通过对每种群落结构的生态功能进行估算、比较和评价，再进行合理的结构设计，则对减轻城市中各种降尘具有重要意义。

参考文献

[1] http://zx.bjmemc.com.cn/, 2013-3-25.

[2] 韩阳，李雪梅. 环境污染与植物功能 [M]. 北京：化学工业出版社，2005, 127-128.

[3] 符气浩，杨小波，吴庆书. 城市绿化的生态效益 [M]. 北京：中国林业出版社，1996, 35-43.

[4] 张新献，古润泽，陈自新，等. 北京城市居住区绿地的滞尘效益 [J]. 北京林业大学学报，1997, 19(4): 12-17.

[5] 李海梅，刘霞. 青岛市城阳区主要园林树种叶片表皮形态与滞尘量的关系 [J]. 生态学杂志，2008, 27(10): 1659-1662.

[6] 柴一新，祝宁，韩焕金. 城市绿化树种的滞尘效应——以哈尔滨市为例 [J]. 应用生态学报，2002, 13(9): 1121-1126.

[7] 陈自新，苏雪痕，刘少宗，等. 北京城市园林绿化生态效益的研究 (3)[J]. 中国园林，1998, 14(3): 53-56.

[8] Beckett K P, Freer-Smith P H, Taylor G. Urban woodlands: their role in reducing the effects of particulate pollution[J]. Environmental pollution, 1998, 99(3): 347-360.

[9] Nowak D J, Crane D E, Stevens J C. Air pollution removal by urban trees and shrubs in the United States[J]. Urban Forestry & Urban Greening, 2006, 4(3-4): 115-123.

[10] 高金晖，王冬梅，赵亮，等. 植物叶片滞尘规律研究——以北京市为例 [J]. 北京林业大学学报，2007, 29(2): 94-99.

[11] 周志翔，邵天一，王鹏程，等. 武钢厂区绿地景观类型空间结构滞尘效应[J]. 生态学报，2002, 22（12）: 2036-2037.

[12] Pal A, Kulshreshtha K, Ahmad K J, et al. Do leaf surface characters play a role in plant resistance to auto-exhaust pollution?[J]. Flora-Morphology, Distribution, Functional Ecology of Plants, 2002, 197(1): 47-55.

[13] Beckett K P, Freer-Smith P H, Taylor G. Urban woodlands: their role in reducing the effects of particulate pollution[J]. Environmental pollution, 1998, 99(3): 347-360.

[14] 吴志萍，王成，侯晓静，等. 6 种城市绿地空气 $PM_{2.5}$ 浓度变化规律的研究 [J]. 安徽农业大学学报，2008, 35(4): 494-498.

[15] 郑西平，张启翔. 北京城市园林绿化植物应用现状与展望 [J]. 中国园林，2011, 27(5): 81-85.

[16] 古润泽，李延明，谢军飞. 北京城市园林绿化生态效益的定量经济评价 [J]. 生态科学，2007, 26(6): 519-524.

[17] Beckett K P, Freer-Smith P H, Taylor G. The capture of particulate pollution by trees at five

contrasting urban sites[J]. Arboricultural Journal, 2000, 24: 209-230.

[18] 粟志峰，刘艳，彭倩芳 . 不同绿地类型在城市中的滞尘作用研究 [J]. 干旱环境监测，2002, 16(3): 162-163.

[19] 康博文，王得祥，刘建军，等 . 城市不同绿地类型降温增湿效应的研究 [J]. 西北林学院学报 , 2005, 20(2):54-56

[20] 刘学全，唐万鹏，周志翔，等 . 宜昌市城区不同绿地类型环境效应 [J]. 东北林业大学学报，2004, 32(5): 53-54, 83.

第三章　基于扫描电镜定量评价植物滞留大气颗粒物能力

大气颗粒物污染已经成为城市的主要环境问题，尤其细颗粒物（$PM_{2.5}$，空气动力学当量直径 ≤ 2.5μm）能够在大气中停留很长时间，并可随呼吸进入体内，积聚在气管或肺中，影响身体健康[1]。目前尚不能完全依赖污染源治理以解决环境问题，借助自然界的清除机制是缓解城市大气污染压力的有效途径，城市园林绿化就是其一，即利用园林植物吸附和滞留悬浮在空气中的颗粒物，降低空气中颗粒物的浓度[2-4]。研究城市园林绿化植物的滞尘能力，为选择和优化城市绿化的种类，降低城市大气颗粒污染物和提高空气质量具有重要的参考意义。近年来，国内外学者在城市植物滞留大气颗粒物机理和改善城市环境等方面进行了一些开拓性的工作[5-9]，初步得出了植物滞尘的一些规律。但对于植物滞留细颗粒物能力的系统研究尚显薄弱，对于植物滞留的细颗粒物质量缺乏简易可操作的检测方法，大多为定性评价或相对比较，不能更准确比较自然状态下不同植物对细颗粒物的吸附能力。

有鉴于此，本章提出一种基于扫描电镜观测结果，计算植物滞留细颗粒物质量的方法，并研究北京市园林绿化中常用的不同植物材料对治理颗粒物污染的差异，筛选出治理效果好的植物种类，为建立科学有效的定量评价植物滞留细颗粒计算方法，改善首都生态环境提供必要的科学依据。

1　材料与方法

1.1　研究区概况

试验观测 2013 年在北京市园林科学研究院的植物科普园及周边公园内开展，试验区地处北京市东四环边，北纬 39.97°，东经 116.46°，面积约为 1hm²。北京市气候为典型的暖温带半湿润大陆性季风气候，夏季高温多雨，冬季寒冷干燥。年均温 8.5 ～ 9.5℃，夏季各月平均气温都在 24℃以上，年降水量 540mm，年平均蒸发量约为 730mm。全年降水量的 80% 主要集中在 5 月下旬至 8 月上旬，春秋两季干旱少雨水。

北京地区 2013 年降水量为 508.4mm，比常年减少 6.9%。大范围强降水过程主要集中在 7 月中上旬：分别是 7 月 1 ～ 2 日、7 月 8 ～ 10 日、7 月 15 ～ 16 日。其中，7 月 15 ～ 16 日北京市出现当年最大降雨过程，全市平均降雨量为 58.1mm，达暴雨量级。年降水日数接近常年。观象台年降水日数为 71d。日降水量在 15mm 以上的天数为 7d。

1.2　供试植物种选择

根据北京市第六次绿化普查数据，选取在北京市园林绿化中应用频率较高的 31 种乔木进行研究[10]。对选定的常用绿化植物进行植物叶片滞留颗粒物能力的评价，每种植物均选择生长状况良好且具有代表性的植株（表 1）。

表 1　选定的 31 种园林绿化树种规格

乔木 Plant species	生活型 Leaf form	叶习性 Leaf habit	叶型 Leaf type	胸径（cm） DHB（cm）	冠径（m） Crown diameter（m）
旱柳 *Salix matsudana*	乔木	落叶	单叶	28.20 ± 3.50	6.45 ± 0.77
杜仲 *Eucommia ulmoides*	乔木	落叶	单叶	15.0 ± 1.21	4.1 ± 0.23
雪松 *Cedrus deodara*	乔木	常绿	针叶	17.20 ± 1.65	5.22 ± 0.41
银杏 *Ginkgo biloba*	乔木	落叶	单叶	33.27 ± 3.71	7.66 ± 0.77
柿树 *Diospyros kaki*	乔木	落叶	单叶	28.2 ± 2.51	6.70 ± 0.66
元宝枫 *Acer truncatum*	乔木	落叶	单叶	14.85 ± 1.46	5.84 ± 0.53
小叶朴 *Celtis bungeana*	乔木	落叶	单叶	40.20 ± 3.41	10.05 ± 1.22
紫叶李 *Prunus cerasifera*	小乔木	落叶	单叶	20.20 ± 1.31	4.15 ± 0.06
北京丁香 *Syringa reticulata*	小乔木	落叶	单叶	53.00 ± 3.00	7.65 ± 0.66
白玉兰 *Magnolia denudata*	乔木	落叶	单叶	47.80 ± 7.80	7.48 ± 0.96
国槐 *Sophora japonica*	乔木	落叶	复叶	25.17 ± 2.61	7.78 ± 0.34
黄栌 *Cotinus coggygria*	乔木	落叶	单叶	30.00 ± 5.00	4.25 ± 0.26
毛白杨 *Populus tomentosa*	乔木	落叶	单叶	41.23 ± 2.11	5.57 ± 0.23
圆柏 *Sabina chinensis*	乔木	常绿	刺叶及鳞叶	11.90 ± 0.87	3.15 ± 0.24
栾树 *Koelreuteria paniculata*	乔木	落叶	复叶	23.73 ± 0.30	2.68 ± 0.14

续表

乔木 Plant species	生活型 Leaf form	叶习性 Leaf habit	叶型 Leaf type	胸径（cm） DHB（cm）	冠径（m） Crown diameter（m）
家榆 *Ulmus pumila*	乔木	落叶	单叶	20.35 ± 0.85	7.25 ± 0.38
樱花 *Prunus serrulata*	乔木	落叶	单叶	16.27 ± 1.09	2.91 ± 0.18
白蜡 *Fraxinus chinensis*	乔木	落叶	奇数羽状复叶	29.63 ± 2.10	7.35 ± 0.73
碧桃 *Prunus persica*	小乔木	落叶	单叶	23.73 ± 2.70	5.97 ± 0.65
刺槐 *Robinia pseudoacacia*	乔木	落叶	羽状复叶	37.40 ± 3.22	6.32 ± 0.69
七叶树 *Aesculus chinensis*	乔木	落叶	掌状复叶	22.30 ± 1.20	4.49 ± 0.51
垂柳 *Salix babylonica*	乔木	落叶	单叶	36.93 ± 2.92	6.61 ± 0.51
臭椿 *Ailanthus altissima*	乔木	落叶	奇数羽状复叶	34.80 ± 2.73	9.04 ± 1.02
西府海棠 *Malus micromalus*	乔木	落叶	单叶	19.00 ± 0.50	4.25 ± 0.22
油松 *Pinus tabuliformis*	乔木	常绿	针叶	19.30 ± 0.96	6.46 ± 0.66
山桃 *Prunus davidiana*	乔木	落叶	单叶	22.5 ± 1.31	6.25 ± 0.51
楸树 *Catalpa bungei*	乔木	落叶	阔叶	21.03 ± 0.26	2.84 ± 0.15
流苏 *Chionanthus retusus*	乔木	落叶	阔叶	32.65 ± 0.65	8.55 ± 0.78
构树 *Broussonetia papyrifera*	乔木	落叶	单叶	10.2 ± 2.18	5.02 ± 0.41
丝绵木 *Euonymus maackii*	乔木	落叶	阔叶	49.10 ± 3.54	7.25 ± 0.81
绦柳 *Salix pendula*	乔木	落叶	单叶	47.40 ± 2.65	8.84 ± 0.31

1.3　试验方法

1.3.1　园林植物滞尘试验

1.3.1.1　样品采集与测定

一般认为，15mm 的降水量就可以冲掉植物叶片的降尘，然后重新滞尘。根据北京市的降雨特点，于雨量大于 15mm 后 7d 进行采样。全年内共采集到 7d 滞尘样本 3

次[11]。

对选好的树种依据其自身特点从树冠四周及上中下各部位均匀采集，阔叶植物采集 30 片，针叶植物采集 300 针。采集时选择生长状态良好且具有代表性的叶片，对每种树种进行 3 次重复采样，并同时立即将叶片封存于干净防尘盒内以防挤压或叶毛被破坏。

1.3.1.2　叶片处理

叶片用蒸馏水浸泡 2h 以浸洗掉附着物，并用不掉毛的软毛刷刷掉叶片上残留的附着物，最后用镊子将叶片小心夹出；浸洗液用已烘干称重（W1）的滤纸抽滤，将滤纸于 80℃下烘 24h，再以 1/10000 天平称重（W2），两次重量之差即为采集样品上所附着的降尘颗粒物重量[12]。

夹出的叶片晾干后用 Li-3000c 叶面积仪求算叶面积 A。

1.3.1.3　单位叶面积滞尘量（LW）计算方法

$$LW=（W2-W1）/A$$

1.3.1.4　植物绿量的计算

绿量是指（植物叶片面积）总量的大小。本研究对 31 种植物材料个体的叶面积与胸径、冠幅进行实际测量，并将各参数代入北京市常用园林植物个体一元、二元绿量计算回归模型，计算得出植株绿量（G）[13]。

1.3.1.5　单株植物滞尘量（PW）计算方法

$$PW=LW \times G$$

1.3.2　园林植物滞留 $PM_{2.5}$ 试验方法

1.3.2.1　细颗粒物统计分析

本研究采用 Hitachi 台式 TM3000 电镜观测叶片表面，每一观测叶片均是在叶片上随机裁剪的直径小于 70mm 的部分叶片。由于观测影像上叶片颗粒物多为不规则形状且数量较多，所以在对其进行提取时首先利用 Erdas、Photoshop 等软件对影像进行增强处理，提取出颗粒物的栅格图像，再利用 ArcGIS 等软件对处理后的影像进行二值化、重分类等处理，提取出叶面颗粒物的矢量图像，并做进一步统计分析计算得出观测叶面积上总颗粒物体积（SV）以及 $PM_{2.5}$ 的体积（V）。

1.3.2.2　园林植物滞留 $PM_{2.5}$ 能力研究

由于较高密度和不规则形状的抵消效应，扬尘的空气动力学直径与物理直径大致可以认为是相等的[14]。颗粒物密度近似相同，$PM_{2.5}$ 体积百分比即 $PM_{2.5}$ 质量百分比。

园林植物单位叶面积滞留 $PM_{2.5}$ 的量 $LW_{2.5}$（g/m^2）=LW×SV/V；园林植物整株树

滞留 $PM_{2.5}$ 的量（g／周）=PW×SV/V。

利用 SPSS17.0 软件进行多重方差两两比较（S–N–K）分析，对整株植物的滞尘能力及滞留 $PM_{2.5}$ 的能力进行分类。

2　结果与分析

2.1　园林植物单位叶面积滞尘量比较

图 1 给出了 31 种北京市常用园林植物单位叶面积滞尘量排序。由图 1 可以看出，个体之间滞尘能力有很大的差异，单位面积滞尘量最多的雪松（3.405g/m²）是单位面积滞量最少的绦柳（0.079g/m²）的 43 倍，按照落叶乔木与常绿乔木划分比较，落叶乔木银杏（1.619g/m²）为绦柳（0.079g/m²）的 20 倍；常绿乔木雪松（3.405g/m²）是油松（0.663g/m²）的 5 倍。

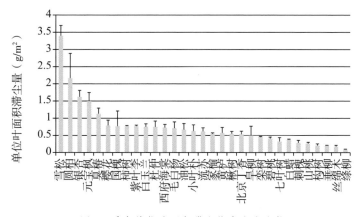

图 1　乔木单位叶面积滞尘能力大小比较

2.2　单株植物滞尘量比较

综合考虑不同植株的绿量大小，计算园林植物整株树每周的滞尘能力，分析个体之间滞尘能力差异（图 2）。对比落叶乔木整株树每周的滞尘能力，元宝枫（263.055g/周）是丝绵木（0.962g/周）的 273 倍；常绿乔木圆柏（216.076g/周）是油松（74.206g/周）的 2.9 倍。利用 SPSS13.0 软件进行多重方差两两比较（S–N–K）分析，可以将 31 种乔木的整株滞尘能力从大到小依次分为 1～5 组（$P < 0.05$）（表 2），乔木中单周滞尘量较多的植物有元宝枫、圆柏、银杏、臭椿、国槐、小叶朴、家榆、毛白杨、雪松、栾树和刺槐，整株树每周滞尘量均在 100g/周以上，较弱的为绦柳、樱花、紫叶李、西府海棠、北京丁香、碧桃、山桃和丝绵木，滞尘量均在 10g/周以下。

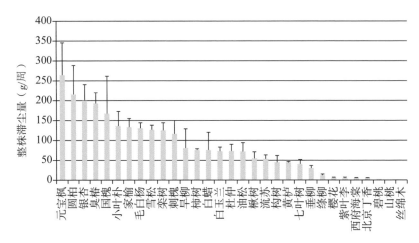

图 2 乔木整株树每周滞尘量

表 2 乔木整株滞尘能力的两两 S-N-K 比较

	第 1 组 Group 1 > 167.0g/周	第 2 组 Group 2 117.0 ～ 167.0g/周	第 3 组 Group 3 74.0 ～ 81.0g/周	第 4 组 Group 4 31.0 ～ 56.0g/周	第 5 组 Group5 < 10.0g/周
乔木 Tree	TD1 ～ TD5	TD6 ～ TD11	TD12 ～ TD17	TD18 ～ TD23	TD24 ～ TD31
Sig.	0.1	0.248	0.098	0.068	0.109

注：按照滞尘能力大小（图 2），将 31 种乔木分别标记为 TD1 ～ TD31，例如，元宝枫为 TD1，丝绵木为 TD31。

2.3 园林植物单位叶面积 $PM_{2.5}$ 滞留量比较

通过对植物滞尘量计算的基础上，结合电镜观测结果，计算得出单位叶面积滞留 $PM_{2.5}$ 的质量。由图 3 可以看出，不同植物个体之间滞留 $PM_{2.5}$ 的能力有很大的差异，落叶乔木中，元宝枫单位叶面积滞留 $PM_{2.5}$ 的能力最强，达到 $0.606g/m^2$，滞留 $PM_{2.5}$ 能力最弱的仍是绦柳，滞留量为 $0.016g/m^2$，元宝枫单位叶面积滞留 $PM_{2.5}$ 的质量是绦柳的 38 倍；常绿乔木中，雪松（$0.144g/m^2$）是油松（$0.077g/m^2$）的 20 倍。

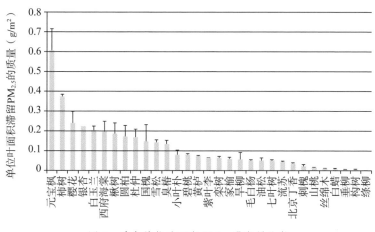

图 3　乔木单位叶面积 PM$_{2.5}$ 滞留量比较

2.4　单株植物 PM$_{2.5}$ 滞留量比较

同滞尘能力分析相同，考虑不同植株的绿量大小，计算园林植物整株树每周的滞留 PM$_{2.5}$ 的能力，分析个体之间滞尘能力差异（图 4）。分别对比落叶乔木与常绿乔木，元宝枫（106.336g/ 周）整株树每周滞留 PM$_{2.5}$ 的质量是丝绵木（0.403g/ 周）的 263 倍；常绿乔木圆柏（17.178g/ 周）是雪松（5.406g/ 周）的 3 倍。多重方差两两比较（S–N–K）分析，可以将 31 种乔木的整株 PM$_{2.5}$ 滞留量从大到小依次分为 1 ～ 5 组（$P < 0.05$）（表 3），乔木中单周滞尘量最强的是元宝枫，达到 100g/ 周以上，滞留 PM$_{2.5}$ 质量较多的植物还有柿树、国槐、银杏、臭椿、白玉兰、楸树、小叶朴、圆柏、杜仲、家榆、毛白杨、栾树、刺槐，整株树每周滞留 PM$_{2.5}$ 质量均在 10g/ 周以上，最弱的为紫叶李、碧桃、北京丁香、绦柳、山桃、丝绵木，滞尘量均在 1g/ 周以下。

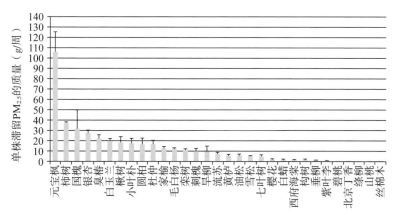

按照滞尘能力大小，将 31 种乔木分别标记为 TP1 ～ TP31，例如，元宝枫为 TP1，丝绵木为 TP31

图 4　乔木整株 PM$_{2.5}$ 滞留量比较

表3 乔木整株 PM$_{2.5}$ 滞留量的两两 S-N-K 比较

乔木Tree	第1组 Group 1 > 100.0g/周	第2组 Group 2 15.0 ～ 37.0g/周	第3组 Group 3 10.0 ～ 13.0g/周	第4组 Group 4 1.0 ～ 10.0g/周	第5组 Group 5 < 1.0g/周
	TP1	TP2 ～ TP10	TP11 ～ TP14	TP15 ～ TP25	TP26 ～ TP31
sig.	1	0.162	0.098	0.068	0.109

注：按照滞尘能力大小（图4），将31种乔木分别标记为TP1～TP31，例如，元宝枫为TP1，丝绵木为TP31。

3 讨论

植物通过巨大的叶总面积、复杂的叶表面细微结构和叶的分泌组织以附着、吸附或直接拦截等方式进行滞尘[7]。此外，植物能随着生长不断扩大叶面积，年年更新新叶，这是其他界面所不能比的。因此，从滞留颗粒物方面对树种进行选择很有意义。可以根据污染物性质不同，划分不同区域，筛选区域代表树种并对比各代表树种对颗粒物的阻滞吸收的效果，确定各区域利于吸滞颗粒物的优势树种，还应对吸滞效果显著的具体树种进行定量分析，明确各个树种单位面积上颗粒物的滞留数和滞留量，最后根据树种滞留颗粒物能力的排名，选择相应的树种来治理城市环境污染[15]。根据研究结果，对于有利于附着粗颗粒的树种，可以在以降尘为主的城市推广；而对于有利于附着细颗粒物的树种，可在以飘尘为主的城市推广。

叶片滞留大气颗粒物的能力除了与植物的叶面积有关外，也与叶片的微形态结构有关，结合分析每一种植物的微观形态特征，有助于滞尘树种筛选与应用[16-18]。如果在城市中栽植、引进滞尘能力强的树种，能形成群落或森林植被，通过测定对每种群落结构的生态功能进行估算、比较和评价，再进行合理的结构设计，则对减轻城市中各种降尘具有重要意义。

4 结论

本研究首先提出一种植物滞留细颗粒物质量的计算方法，其可以应用于评估不同种类的植物对细颗粒物的吸附滞留能力，解决了目前缺乏行之有效的检测方法的问题。

经测定，单位叶面积的滞尘量而言，落叶乔木银杏为绦柳的20倍；常绿乔木雪松是油松的5倍。计算不同植物整株滞尘量，乔木中单周滞尘量较多的有元宝枫、圆柏、银杏、臭椿、国槐、小叶朴、家榆、毛白杨、雪松、栾树和刺槐。

不同植物个体之间滞留 PM$_{2.5}$ 的能力有很大的差异，落叶乔木中，元宝枫单位叶面积滞留 PM$_{2.5}$ 的能力最强，单位叶面积滞留 PM$_{2.5}$ 的质量是绦柳的 38 倍；常绿乔木中，雪松是油松的 20 倍。整株树每周滞留 PM$_{2.5}$ 的能力较强的有元宝枫、柿树、国槐、银杏、臭椿、白玉兰、楸树、小叶朴、圆柏、杜仲、家榆、毛白杨、栾树、刺槐，最弱的为紫叶李、碧桃、北京丁香、紫叶李、山桃和丝绵木。

参考文献

[1] 田刚，黄玉虎，樊守彬. 扬尘污染控制 [M]. 北京：中国环境出版社，2013.

[2] 陈自新，苏雪痕，刘少宗，等. 北京城市园林绿化生态效益的研究（3）[J]. 中国园林，1998, 14（3）：53-56.

[3] BECKRTT K P, FREER-SMITH P H, TAYLOR G. The capture of particulate pollution by trees at five contrasting urban sites[J]. Arboricultural Journal, 2000, 24: 209-230.

[4] 孙淑萍，古润泽，张晶. 北京城区不同绿化覆盖率和绿地类型与空气中可吸入颗粒物（PM$_{10}$）[J]. 中国园林，2004, 3:77-79.

[5] FREER SMITH P H，HOLLOWAY S，GOODMAN A. The uptake of particulates by an urban woodland: Site description and particulate composition[J]. Environment Pollution，1997，95（1）：27-35.

[6] FREER SMITH P H，BECKETT K P，TAYLOR G. Deposition velocities to *Sorbus aria*，*Acer campestre*，*Populus deltoids× trichocarpa* 'Beaupre'，*Pinus nigra* and *Cupressocyparis leylandii* for coarse，fine and ultra fine particles in the urban environment[J]. Environmental Pollution，2005，133（1）:157-167.

[7] Beckett K P, Freer-Smith P H, Taylor G. Urban woodlands: their role in reducing the effects of particulate pollution[J]. Environmental pollution, 1998, 99（3）：347-360.

[8] 周志翔，邵天一，王鹏程，等. 武钢厂区绿地景观类型空间结构及滞尘效应 [J]. 生态学报，2002, 22（12）：2036-2040.

[9] 刘璐，管东生，陈永勤. 广州市常见行道树种叶片表面形态与滞尘能力 [J]. 生态学报，2013, 33（8）：2604-2614.

[10] 北京市园林绿化局. 北京市城市园林绿化普查资料汇编（2005）[M]. 北京：北京出版社，2006.

[11] 李新宇，赵松婷，李延明，等. 北方常用园林植物滞留颗粒物能力评价 [J], 中国园林，2015, 3: 72-75.

[12] 么旭阳，胡耀升，刘艳红. 北京市 8 种常见绿化树种滞尘效应 [J]. 西北林学院学报，2014, 29（3）：92-95.

[13] 古润泽，李延明，谢军飞. 北京城市园林绿化生态效益的定量经济评价 [J]. 生态科学，2007, 26（6）：519-524.

[14] Western Governors' Association（WGA）. WRAP Fugitive Dust Handbook[R].Denver,

Colorado: Western Governors' Association , 2004.

[15] 王兵,张维康,牛香,等.北京10个常绿树种颗粒物吸附能力研究 [J]. 环境科学 , 2015, 36（2）: 408-414.

[16] 王蕾,哈斯,刘连友,等.北京市六种针叶树叶面附着颗粒物的理化特征 [J]. 应用生态学报 , 2007, 3: 487-492.

[17] 赵松婷,李新宇,李延明.园林植物滞留不同粒径大气颗粒物的特征及规律 [J]. 生态环境学报 , 2014, 23（2）: 271-276.

[18] 余海龙,黄菊英.城市绿地滞尘机理及其效应研究进展 [J]. 西北林学院学报 , 2012, 27（6）: 238-241.

第四章 北京市 29 种园林植物滞留
大气颗粒物能力研究

随着社会经济的迅速发展，城市的大气环境问题愈来愈突出。空气中的细颗粒物（Particulate matter less than 2.5，$PM_{2.5}$），已逐渐成为空气污染的首要污染物。$PM_{2.5}$ 因其危害人体健康、携带病菌和污染物且沉降困难影响范围广，控制和治理难度大，已经成为国内外公众、政府和学者共同关注的重要问题[1-4]。在目前尚不能完全依赖污染源治理以解决环境问题的情况下，借助自然界的清除机制是缓解城市大气污染压力的有效途径，城市园林绿化就是其一[5-7]。

国内外已有许多关于植物滞留细颗粒物方面的研究[8-13]，大多数学者通过环境扫描电镜直接对叶片上颗粒物或者对过滤叶片尘所用滤纸（孔径一般为 0.45μm）上的颗粒物的大小、数量进行量算[14-21]，从而得出叶片尘中粗颗粒物和细颗粒物的比例[22]，同时对颗粒物的组成成分进行分析[23, 24]，并以此推断其来源与当地主要的排放源分布[25]。目前的研究仅仅定性地说明植被对 $PM_{2.5}$ 的阻滞吸收作用，不够具体化，园林植物对 $PM_{2.5}$ 的消减作用到底有多大，如何才能更有效地发挥园林植物降低 $PM_{2.5}$ 污染的重要功能，这些还缺少必要的研究和总结。本研究在北京城区选择常用园林植物 14 种乔木、14 种灌木和 1 种藤本，对选定的 29 种常用园林植物进行植物叶片滞留不同粒径颗粒物尤其是细颗粒物的定量分析，明确各个树种单位叶面积上颗粒物的滞留数和滞留量，提炼出园林植物应对 $PM_{2.5}$ 污染的基础研究成果，为应对 $PM_{2.5}$ 污染的城市绿地建设提供技术支撑。

1 材料与方法

1.1 供试植物种类

根据北京市 2009 年绿化普查数据，选取在北京市园林绿化中应用频率较高的 29 种植物进行叶片电镜分析，包括 14 种乔木、14 种灌木和 1 种藤本，进而得出园林植物滞留 $PM_{2.5}$ 的能力，每种植物均选择生长状况良好的成年植株。29 种园林植物材料均采自同一区域内，避免不同环境条件下大气污染不同带来的误差。

表 1　选定的 29 种园林绿化树种

乔木 14 种		灌木 14 种		藤本 1 种	
中文名	拉丁名	中文名	拉丁名	中文名	拉丁名
旱柳	*Salix matsudana*	大叶黄杨	*Euonymus japonicus*		
杜仲	*Eucommia ulmoides*	金叶女贞	*Ligustrum lucidum*		
雪松	*Cedrus deodara*	连翘	*Forsythia suspensa*		
圆柏	*Sabina chinensis*	木槿	*Hibiscus syriacus*		
绦柳	*Salix pendula*	迎春	*Jasminum nudiflorum*		
紫叶李	*Prunus cerasifera*	紫丁香	*Syringa oblata*		
毛白杨	*Populus tomentosa*	沙地柏	*Sabina vulgaris*		
银杏	*Ginkgo biloba*	榆叶梅	*Amygdalus triloba*	紫藤	*Wisteria sinensis*
国槐	*Sophora japonica*	钻石海棠	*Malus* 'Sparkler'		
臭椿	*Ailanthus altissima*	月季	*Rosa chinensis*		
栾树	*Koelreuteria paniculata*	金银木	*Lonicera maackii*		
白蜡	*Fraxinus chinensis*	紫荆	*Cercis chinensis*		
油松	*Pinus tabuliformis*	小叶黄杨	*Buxus microphylla*		
北京丁香	*Syringa reticulata*	紫叶小檗	*Berberis thunbergii* 'Atropurpurea'		

1.2　研究方法

1.2.1　样品采集与测定

一般认为，15mm 的降雨量就可以冲掉植物叶片的降尘，然后重新滞尘[26]。于夏季雨后（雨量 > 15mm）7d 对选好的树种依据其自身特点从上、中、下不同高度及不同方向采集叶片，乔木的纵向高度差距在 75cm 以上，灌木的纵向高度差距在 25cm 以上，根据叶片大小采集 30 ~ 300 片，对每种树种进行 3 次重复采样，采集好的叶片立即封存于干净保鲜盒中用于滞尘试验。同时，对每种树种上、中、下不同高度各采集叶片 3 片，每种植物在 3 株生长状况良好的个体重复采样 3 次，采集好的叶片同样封存于干净保鲜盒中用于电镜分析试验，采集时选择生长状态良好且具有代表性的叶片。

1.2.2　叶片处理

叶片用蒸馏水浸泡 2h 以浸洗掉附着物，并用不掉毛的软毛刷刷掉叶片上残留的附着物，最后用镊子将叶片小心夹出；浸洗液用已烘干称重（W1）的滤纸抽滤，将滤纸于 80℃下烘 24h，再以 1/10000 天平称重（W2），两次重量之差即为采集样品上所附着的降尘颗粒物重量。

夹出的叶片晾干后用 3000c 叶面积仪求算叶面积 A。（W2–W1）/A 即为滞尘树种的滞尘能力（g/m^2）。

另外，及时采用 Hitachi 台式 TM3000 扫描电镜观测电镜分析试验所采集叶片的表面，获取叶片上、下表面图像。

1.2.3　颗粒物统计分析

对观测影像上叶片颗粒物进行提取，首先利用 Photoshop 等软件对影像进行增强处理，提取出颗粒物的栅格图像，再利用 ArcGIS 等软件对处理后的影像进行二值化、重分类等处理，提取出叶面颗粒物的矢量图像，并做进一步统计分析处理[27]，得出颗粒物的不同粒径分布情况。具体流程如图 1 所示。

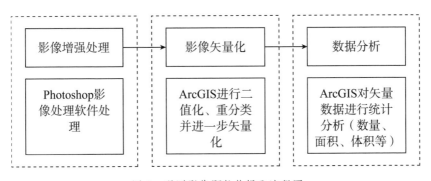

图 1　观测影像颗粒物提取流程图

2　结果分析

2.1　植物滞留不同粒径大气颗粒物的分布特征分析

利用 ArcGIS 地理信息系统软件对电镜图像进行处理，提取出叶面颗粒物的矢量图像，并做进一步统计分析处理。

2.1.1　叶表面颗粒物的数量 – 粒度分布

由图 2 可以看出，在相同观测叶面积下，29 种园林植物叶面颗粒物主要是 PM_{10}，

叶片表面 PM_{10} 数量占颗粒物总数的平均比例均为 94% 以上，$PM_{2.5}$ 均在 85% 以上，29种树种叶表面滞留粗颗粒物的数量对总体数量的贡献非常小，均在 6% 以下。按照粒径大小 0.25μm、0.5μm、1μm、2.5μm 和 10μm 进行统计分级时发现，86% 以上的树种叶表面滞留量最大的颗粒物数量为 0.25 ～ 0.5μm，其中紫叶李叶表面滞留达到最大值 46.7%。

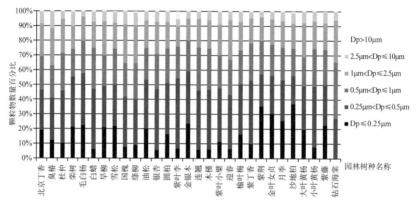

图 2　29 种园林植物叶表面颗粒物不同粒径数量分布情况

2.1.2　叶表面颗粒物的体积 – 粒度分布

体积 – 粒度分布在一定程度上反映了颗粒物的质量 – 粒度分布，并能进一步反映不同树种滞留颗粒物能力的大小。与叶片表面颗粒物的数量分布不同，虽然 $Dp > 10μm$（粗颗粒物）范围内的颗粒物对总体数量的贡献非常小，但这一粒径范围的颗粒物对体积的贡献较大，29 种树种粗颗粒物的体积百分比平均为 28.7%，在2% ～ 70.3% 之间，其中沙地柏的粗颗粒物百分比最高，达到了 70.32%，雪松仅次于沙地柏，为 60.58%，说明沙地柏和雪松滞留粗颗粒物的能力较强；而在总体数量上贡献较大的 $Dp ⩽ 2.5μm$（$PM_{2.5}$）范围内的颗粒物对体积的贡献最小，29 个树种在4.22% ～ 26.14%，平均为 15%；除了雪松、沙地柏和紫藤以外，其余 26 个树种叶表面滞留的颗粒物体积百分比最大的均在粒径范围 2.5 ～ 10μm 内；29 种园林植物叶片滞留 PM_{10} 的体积在总体积中的比例在 29% 以上，平均为 71.3%，对颗粒物总体积贡献最大。

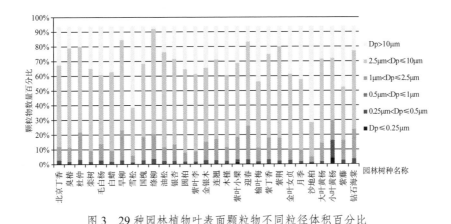

图 3　29 种园林植物叶表面颗粒物不同粒径体积百分比

2.2　29 种园林植物滞留颗粒物能力研究

2.2.1　29 种园林植物滞尘能力

由图 4 和图 5 可知，不同园林树种之间的滞尘量差异显著，树种之间的滞尘能力可相差数十倍以上，乔木单位叶面积滞尘能力为：滞尘较强的有雪松、圆柏、银杏和臭椿，7d 平均滞尘量大于或接近 1g/m²；滞尘能力一般的有国槐、紫叶李、杜仲、油松和北京丁香，7d 平均滞尘量的范围在 0.5 ~ 1g/m²；滞尘能力较弱的有旱柳、栾树、白蜡和绦柳，7d 平均滞尘量小于 0.5g/m²。其中最大值（雪松）是最小值（绦柳）的 43 倍以上，雪松在乔木树种中的滞尘能力很强，而绦柳的滞尘能力处于劣势，这与很多学者的研究结果相吻合。

灌木单位叶面积滞尘能力为：滞尘最强的是小叶黄杨，每周平均滞尘量 6.102g/m²，比乔木中滞尘量最大的雪松要多出 2.697g，滞尘较强的有大叶黄杨和榆叶梅，平均滞尘量接近 1.5g/m²，滞尘能力一般的有金叶女贞、迎春、紫藤、钻石海棠、木槿和沙地柏，滞尘能力较弱的有紫丁香、月季、金银木、连翘、紫叶小檗和紫荆，其中小叶黄杨的滞尘量是紫荆的 28 倍以上。

对于滞尘能力强的树种，应种植在城市的一些特殊地带，如污染重的工厂、尘土飞扬的街道，充分发挥这些树种的生态功能，为了避免绿化树种的单一性，还应尽量选择多样的滞尘树种。

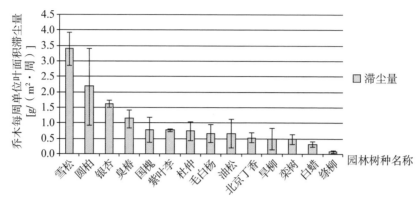

图 4　乔木每周单位叶面积滞尘量

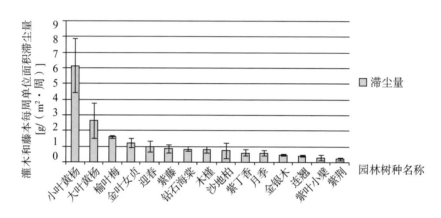

图 5　灌木和藤本每周单位叶面积滞尘量
（注：样本重复数 n=6）

2.2.2　29 种园林植物单位叶面积滞留 PM$_{2.5}$ 能力研究

假设颗粒物密度相同，PM$_{2.5}$ 质量百分比即 PM$_{2.5}$ 体积百分比，29 种园林植物单位叶面积滞留 PM$_{2.5}$ 的量（g/m^2）=29 种园林植物滞尘量（g/m^2）× 29 种园林植物 PM$_{2.5}$ 质量百分比；29 种园林植物整株树滞留 PM$_{2.5}$ 的量（g/周）=29 种园林植物整株树滞尘量（g/周）× 29 种园林植物 PM$_{2.5}$ 质量百分比。

通过对 29 种园林植物单位叶面积滞留 PM$_{2.5}$ 能力大小分析，包括 14 种乔木、14 种灌木和 1 种藤本，得出灌木和藤本植物中小叶黄杨滞留 PM$_{2.5}$ 的能力最强，单位叶面积滞留 1.168g/m^2，大叶黄杨次之，为 0.388g/m^2，沙地柏滞留 PM$_{2.5}$ 的能力最弱，仅为小叶黄杨的 3.4%；乔木中银杏滞留 PM$_{2.5}$ 的能力最强，单位叶面积滞留 0.225g/m^2，杜仲次之，为 0.171g/m^2，绦柳滞留 PM$_{2.5}$ 的能力最弱，单位叶面积滞留量为银杏的 1/13。

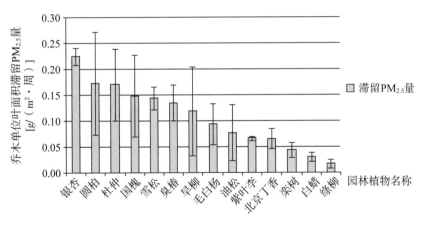

图 6 乔木单位叶面积滞留 $PM_{2.5}$ 量

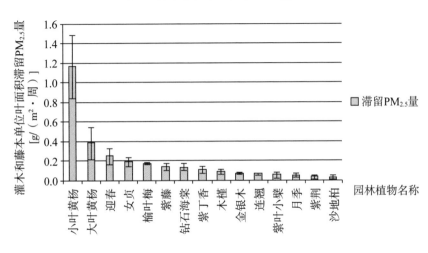

图 7 灌木和藤本植物单位叶面积滞留 $PM_{2.5}$ 量
（注：样本重复数 n=6）

2.2.3 29 种园林植物整株树滞留 $PM_{2.5}$ 能力研究

29 种园林植物整株树每周滞留 $PM_{2.5}$ 能力排序如图 8 和图 9 所示，通过分析发现，除北京丁香和紫叶李以外，其余乔木树种整株树每周滞留 $PM_{2.5}$ 量均高于灌木和藤本植物。

乔木中整株树每周滞留 $PM_{2.5}$ 能力较强的有国槐、银杏、臭椿、毛白杨、旱柳、圆柏和杜仲，滞留量均超过 16g/ 周，滞留 $PM_{2.5}$ 较弱的有绦柳、北京丁香和紫叶李，每周滞留量不足 3g/ 周。其中，落叶乔木中国槐整株树每周滞留 $PM_{2.5}$ 量是紫叶李的 47 倍多，常绿乔木中圆柏是雪松的 3 倍以上。

灌木和藤本中整株树每周滞留 $PM_{2.5}$ 能力较强的有榆叶梅、木槿、钻石海棠、紫丁香和小叶黄杨，滞留 $PM_{2.5}$ 较弱的有紫荆、紫叶小檗和沙地柏。

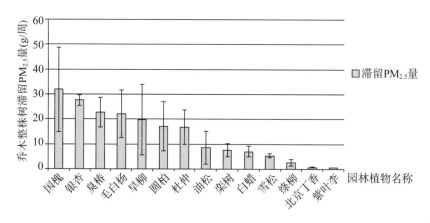

图 8　乔木整株树滞留 $PM_{2.5}$ 能力大小

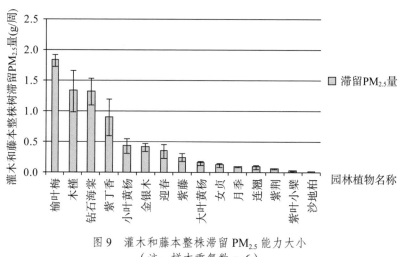

图 9　灌木和藤本整株滞留 $PM_{2.5}$ 能力大小
（注：样本重复数 n=6）

2.3　叶表面颗粒物特征分析

　　由于园林植物个体叶表面特性的差异，对大气颗粒物滞留能力也不同，图 10 是 29 种园林植物叶片上表面滞留颗粒物形态的电镜图像。从图像中可以清晰地看出叶片颗粒物形状为不规则块体、球体和聚合体，粒度小于 $10\mu m$ 居多，其中大叶黄杨（15a）和小叶黄杨（21a）表层有蜡质，容易滞留颗粒物；国槐（4a）叶表面褶皱多且有较多腺毛，有助于颗粒物的滞留；圆柏（13a）叶表面有密集的脊状凸起，凸起之间形成沟槽，可深藏许多小颗粒物；臭椿（2a）叶表面有较密集的条状凸起，凸起间藏有大量颗粒物；银杏（10a）上表皮细胞轮廓较清晰，细胞多为长条形，垂周壁下陷成沟状结构，可见散在颗粒物；木槿（19a）上表面凹凸不平，细胞轮廓不清晰，表面有不规则褶皱，可见颗粒物存于褶皱处；毛白杨（6a）叶片表面有较浅沟槽，可见颗粒物存于沟槽中；紫叶李（14a）上表面凸凹不平，细胞轮廓不清楚，有深浅不一、形态不均的沟状结构与增厚的角质层凸起共同形成表面褶皱，角质层凸起上具线性纹饰，有散在的颗粒物存在，无气孔及毛被；而绦柳（7a）叶片表面有较宽的条状凸起，凸起间分布着气孔与较浅的纹理组织，这样的微形态结构不利于颗粒物稳定固着；紫叶小檗（28a）上表皮细胞呈不规则体，且不规则排列，细胞之间有沟槽，颗粒物多聚集于此；白蜡（9a）和紫荆（26a）叶表面细胞均呈不规则排列，细胞之间的沟槽较浅，可见少量颗粒物。

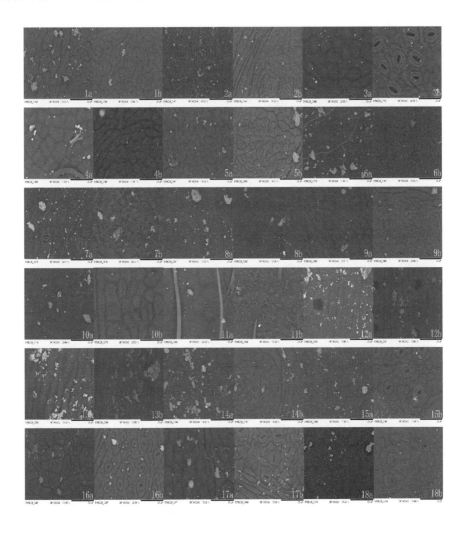

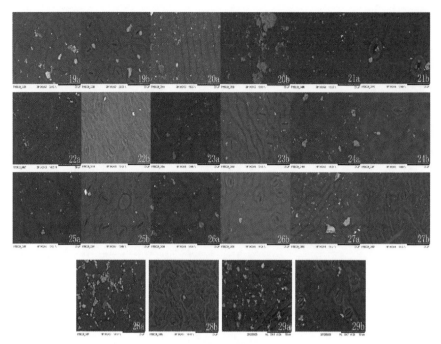

1）北京丁香；2）臭椿；3）杜仲；4）国槐；5）栾树；6）毛白杨；7）绦柳；8）雪松；
9）白蜡；10）银杏；11）旱柳；12）油松；13）圆柏；14）紫叶李；15）大叶黄杨；
16）金叶女贞；17）金银木；18）连翘；19）木槿；20）沙地柏；21）小叶黄杨；
22）迎春；23）榆叶梅；24）月季；25）紫丁香；26）紫荆；27）紫藤；28）紫叶小檗；
29）钻石海棠；a）叶片上表面；b）叶片下表面

图 10　29 种园林植物叶表面微形态环境扫描电镜图像（×1200 倍）

结合植物滞留颗粒物能力大小分析得出，植物叶表面不论是通过细胞之间的排列形成的沟槽还是通过各种条状凸起、波状凸起和脊状凸起形成的沟槽，只要沟槽越密集、深浅差别越大，越有利于滞留大气颗粒物，且叶表面有蜡质（如小叶黄杨和大叶黄杨）、腺毛（如国槐）等结构及叶片能分泌黏性的油脂和汁液（如雪松和圆柏）也有利于大气颗粒物的滞留。

3　结论与讨论

北京市的空气质量多处在轻微污染，影响空气质量的主要是颗粒物，即降尘和飘尘。北京市适生的园林树种滞尘能力有较大的差异，选择滞尘能力强的树种可以产生较大的滞尘效益。

通过对园林植物滞留大气颗粒物的能力进行分析可知：园林植物叶片表面滞留颗粒物大部分为 PM_{10}，占 94% 以上，说明园林植物可以对大气可吸入颗粒物起到很好的过滤效应，有利于人体呼吸健康，按照不同粒径分级统计时发现，86% 以上的树种叶表面滞留量最大的颗粒物数量为 $0.25 \sim 0.5\mu m$，复旦大学公共卫生学院一项研究也证实，粒径在 $0.25 \sim 0.5\mu m$ 的颗粒物数浓度与健康危害关系最显著；且粒径越小，对健康危害越大。这为我国大气颗粒物污染防治提供了新方向，即应重点关注更小粒径颗粒物，而不仅仅是 $PM_{2.5}$。

29 种园林植物叶片滞留的 PM_{10} 对颗粒物总体积贡献最大，$PM_{2.5}$ 对体积的贡献最小；29 种园林植物单位叶面积滞留 $PM_{2.5}$ 能力大小比较：灌木中小叶黄杨滞留 $PM_{2.5}$ 的能力最强，为 $1.168g/m^2$，大叶黄杨次之，沙地柏最弱；乔木中银杏滞留 $PM_{2.5}$ 的能力最强，单位叶面积滞留 $0.225g/m^2$，绦柳最弱；29 种园林植物整株树滞留 $PM_{2.5}$ 能力大小比较：乔木中整株树每周滞留 $PM_{2.5}$ 能力较强的有国槐、银杏、臭椿、毛白杨、旱柳、圆柏和杜仲，灌木和藤本中整株树每周滞留 $PM_{2.5}$ 能力较强的有榆叶梅、木槿、钻石海棠、紫丁香和小叶黄杨，滞留 $PM_{2.5}$ 较弱的有紫荆、紫叶小檗和沙地柏。

通过分析得出，叶片滞留大气颗粒物的能力与叶片的微形态结构有关，对每一种植物进行深一步的微观了解，可以有助于滞尘树种的选择。由于园林植物个体叶表面特性的差异，叶片表面具有蜡质结构、表面可形成较深且密集沟槽、叶面多腺毛、能分泌黏性的油脂和汁液等特性的园林植物能吸附大量的降尘和飘尘。因此，对于有利于附着细颗粒物的树种，可在以飘尘为主的城市推广，而有利于附着粗颗粒的树种，可以在以降尘为主的城市推广。如果在城市中种植滞尘能力强的树种，再进行合理的结构设计，则对减轻城市中各种颗粒物的污染具有重要意义。

参考文献

[1] Wang X H , Bi X H, Sheng G Y. Chemical composition and sources of PM_{10} and $PM_{2.5}$ aerosols in Guangzhou, China[J]. Environmental Monitoring and Assessment, 2006, 119(1/3):425-439.

[2] Dai W , Gao J Q, Cao G et al. Chemical composition and source identification of $PM_{2.5}$ in the suburb of Shenzhen, China[J]. Atmospheric Research, 2013, 122:391-400.

[3] Poschl U. Atmospheric aerosols: composition, transformation, climate and health effects[J]. Atmospheric Chemistry, 2005, 44(46):7520-7540.

[4] Stracquadanio M , Apollo G, Trombini C. A study of $PM_{2.5}$ and $PM_{2.5}$-associated polycyclic aromatic hydrocarbons at an urban site in the Po Valley(Bologna, Italy) [J]. Water, Air, and Soil Pollution, 2007,179(1/4):227-237.

[5] Ottel E M , van Bohemen H D, Fraaij A L A. Quantifying the deposition of particulate matter on climber vegetation on living walls[J]. Ecological Engineering, 2010, 36(2): 154-162.

[6] Nowak D J , Crane D E, Stevens J C. Air pollution removal by urban trees and shrubs in the United States[J]. Urban Forestry & Urban Greening，2006,4(3-4): 115-123.

[7] Beckett K P , Freer-Smith P H, Taylor G. The capture of particulate pollution by trees at five contrasting urban sites[J]. Arboricultural Journal，2000, 24: 209-230.

[8] Hee-Jae Hwang , Se-Jin Yook, Kang-Ho Ahn. Experimental investigation of subm icron and ultrafine soot particle removal by tree leaves[J].Atmospheric Environment, 2011, 45:6987-6994.

[9] K.Paul Beckett , Peter Freer-Smith, Gail Taylor. Effective tree species for local ari quality management[J].Tree species and Air Quality, 2000,26(1):12-19.

[10] P.H. Freer-Smith , K.P.Beckett, Gail Taylor. Deposition velocities to *Sorbus aria, Acer campestre,Populus deltoides×trichocarpa* 'Beaupre', *Pinus nigra* and × *Cupressocyparis leylandii* for coarse, fine and ultra-fine particles in the urban environment[J].Environmental Pollution, 2005, 133:157-167.

[11] B.A.K. Prust , P.C.Mishra, P.A. Azeezy. Azeez.Dust accumulation and leaf pigment content in vegetation near the national highway at Sambalpur, Orissa, India[J].Ecotoxicology and Environmental Safety, 2005, 60:228-235.

[12] 于志会，赵红艳，杨波，等.吉林市常见园林植物滞尘能力研究 [J]. 江苏农业科学，2012, 40(6): 173-175.

[13] 赵晨曦，王玉杰，王云琦，等.细颗粒物（$PM_{2.5}$）与植被关系的研究综述 [J]. 生态学杂志，2013, 32（8）：2203-2210.

[14]P.H.Freer-Smit. Sophy Hol!oyway & A.Goodman. The uptake of particulates by an urban wo odland : site description and particulate composition[J].Environmental pollution, 1997,95(1):27-35.

[15] 王赞红，李纪标.城市街道常绿灌木植物叶片滞尘能力及滞尘颗粒物形态 [J]. 生态环境，2006, 15（2）：327-330.

[16] 刘任涛，毕润成，赵哈林.中国北方典型污染城市主要绿化树种的滞尘效应 [J]. 生态环境，2008,17(5):1879-1886.

[17] 余海龙，黄菊莹.城市绿地滞尘机理及其效应研究进展 [J]. 西北林学院学报，2012,27（6）：238-241.

[18] 胡舒，肖昕，贾含帅，等.徐州市主要落叶绿化树种滞尘能力比较与分析 [J]. 中国农学通报，2012, 28（16）：95-98.

[19] 刘璐，管东生，陈永勤.广州市常见行道树种叶片表面形态与滞尘能力 [J]. 生态学报，2013, 33(8)：2604-2614.

[20] 石辉，王会霞，李秧秧，等.女贞和珊瑚树叶片表面特征的 AFM 观察 [J]. 生态学报，2011a, 31（5）：1471-1477.

[21] 石辉，王会霞，李秧秧.植物叶表面的润湿性及其生态学意义 [J]. 生态学报，2011b, 31(15):4287-4298.

[22] 赵松婷，李新宇，李延明.园林植物滞留不同粒径大气颗粒的特征及规律 [J]. 生态环境学报，2014,23（2）：271-276.

[23] 邱媛，管东生，宋巍巍.惠州城市植被的滞尘效应 [J]. 生态学报 ,2008, 28(6): 2455-2462.

[24] 王蕾，哈斯，刘连友.北京市六种针叶树叶面附着颗粒物的理化特征 [J]. 应用生态学报，2007, 18 (3): 487-492.

[25] 戴斯迪，马克明，宝乐，等.北京城区公园及其邻近道路国槐叶面尘分布与重金属污染特征 [J].环境科学学报，2013,33(1):154-162.

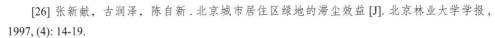

[26] 张新献，古润泽，陈自新 . 北京城市居住区绿地的滞尘效益 [J]. 北京林业大学学报，1997, (4): 14-19.

[27] 王蕾，高尚玉，刘连友 . 北京市 11 种园林植物滞留大气颗粒物能力研究 [J]. 应用生态学报 , 2006，17(4): 597-601.

第五章 北京市主要园林树种滞留颗粒物效应研究

随着社会经济的迅速发展，城市的大气环境问题愈来愈突出。空气中的细颗粒物（PM$_{2.5}$），已逐渐成为空气污染的首要污染物。PM$_{2.5}$因其危害人体健康、携带病菌和污染物且沉降困难影响范围广，控制和治理难度大，已经成为国内外公众、政府和学者共同关注的重要问题[1-4]。在目前尚不能完全依赖污染源治理以解决环境问题的情况下，借助自然界的清除机制是缓解城市大气污染压力的有效途径，城市园林绿化就是其一[5-7]。

国内外已有许多关于植物滞留细颗粒物方面的研究[8-14]，大多数学者通过环境扫描电镜直接对叶片上颗粒物或者对过滤叶片尘所用滤纸（孔径一般为0.45μm）上的颗粒物的大小、数量进行量算[15-21]，从而得出叶片尘中粗颗粒和细颗粒物的比例[22]，同时对颗粒物的组成成分进行分析[23, 24]，并以此推断其来源与当地主要的排放源分布[25]。然而，植物对PM$_{2.5}$滞留机理方面的系统研究尚显薄弱。本文选取北京市常见园林树种作为研究对象，测定植物叶片的滞尘量和PM$_{2.5}$滞留量，探讨不同园林植物滞留大气颗粒物能力大小，筛选出滞留颗粒物能力强的树种，旨在为城市绿化树种的选择提供科学依据。

1 材料与方法

1.1 供试植物种类

根据北京市2009年绿化普查数据，选取在北京市园林绿化中应用频率较高的13种植物进行叶片滞尘试验和电镜分析，包括8种乔木（国槐 *Sophora japonica*，圆柏 *Sabina chinensis*，臭椿 *Ailanthus altissima*，银杏 *Ginkgo biloba*，毛白杨 *Populus tomentosa*，紫叶李 *Prunus cerasifera*，绦柳 *Salix pendula* 和白蜡 *Fraxinus chinensis*）和5种灌木（大叶黄杨 *Euonymus japonicus*，小叶黄杨 *Buxus microphylla*，紫叶小檗 *Berberis thunbergii* 'Atropurpurea'，木槿 *Hibiscus syriacus* 和紫荆 *Cercis chinensis*），进而得出

园林植物滞留 $PM_{2.5}$ 的能力，分析其与叶片表皮特征之间的关系，每种植物均选择生长状况良好的成年植株。13 种园林植物材料均采自同一区域内，避免不同环境条件下大气污染不同带来的误差。

1.2 研究方法

1.2.1 样品采集与测定

一般认为，15mm 的降雨量就可以冲掉植物叶片的降尘，然后重新滞尘[26]。于夏季雨后（雨量 > 15mm）7d 对选好的树种依据其自身特点从上、中、下不同高度及不同方向采集叶片，乔木的纵向高度差距在 75cm 以上，灌木的纵向高度差距在 25cm 以上，根据叶片大小采集 30 ~ 300 片，对每种树种进行 3 次重复采样，采集好的叶片立即封存于干净保鲜盒中用于滞尘试验。同时，对每种树种上、中、下不同高度各采集叶片 3 片，每种植物在 3 株生长状况良好的个体重复采样 3 次，采集好的叶片同样封存于干净保鲜盒中用于电镜分析试验，采集时选择生长状态良好且具有代表性的叶片。

1.2.2 叶片处理

叶片用蒸馏水浸泡 2h 以浸洗掉附着物，并用不掉毛的软毛刷刷掉叶片上残留的附着物，最后用镊子将叶片小心夹出；浸洗液用已烘干称重（W1）的滤纸抽滤，将滤纸于 80℃下烘 24h，再以 1/10000 天平称重（W2），两次重量之差即为采集样品上所附着的降尘颗粒物重量。

夹出的叶片晾干后用 3000c 叶面积仪求算叶面积 A。（W2–W1）/A 即为滞尘树种的滞尘能力（LW）（g/m^2）。

另外，及时采用 Hitachi 台式 TM3000 扫描电镜观测电镜分析试验所采集叶片的表面，获取叶片上、下表面图像。

1.2.3 颗粒物统计分析

对观测影像上叶片颗粒物进行提取，首先利用 Photoshop 等软件对影像进行增强处理，提取出颗粒物的栅格图像，再利用 ArcGIS 等软件对处理后的影像进行二值化、重分类等处理，提取出叶面颗粒物的矢量图像，并做进一步统计分析处理[27]，得出颗粒物的不同粒径分布情况。具体流程如图 1 所示。

1.2.4 园林植物滞留 $PM_{2.5}$ 能力研究

假设颗粒物密度相同，$PM_{2.5}$ 体积百分比（$V PM_{2.5}$/VTSP）即 $PM_{2.5}$ 质量百分比。园林植物单位叶面积滞留 $PM_{2.5}$ 的量（g/m^2）=LW × $V PM_{2.5}$/VTSP。

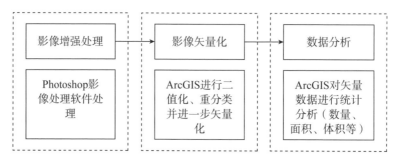

图 1　观测影像颗粒物提取流程图

2　结果分析

2.1　植物滞留不同粒径大气颗粒物的分布特征分析

利用 ArcGIS 地理信息系统软件对电镜图像进行处理，提取出叶面颗粒物的矢量图像，并做进一步统计分析处理。

2.1.1　叶表面颗粒物的数量 – 粒度分布

由图 2 可以看出，在相同观测叶面积下，13 种园林植物叶面颗粒物主要是 PM_{10}，叶片表面 PM_{10} 数量占颗粒物总数的平均比例均为 94% 以上，$PM_{2.5}$ 均在 88% 以上，13 种树种叶表面滞留粗颗粒物的数量对总体数量的贡献非常小，均在 6% 以下。按照粒径大小 0.25μm、0.5μm、1μm、2.5μm 和 10μm 进行分级统计时发现，除紫荆外，12 种树种叶表面滞留颗粒物数量最多的粒径范围为 0.25 ～ 0.5μm，其中紫叶李叶表面滞留量达到最大值 46.7%。

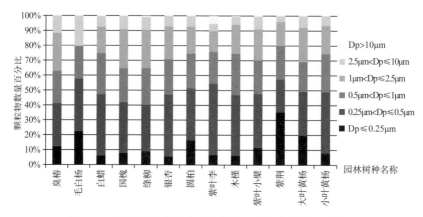

图 2　13 种园林植物叶表面颗粒物不同粒径数量分布情况

2.1.2　叶表面颗粒物的体积－粒度分布

体积–粒度分布在一定程度上反映了颗粒物的质量–粒度分布，并能进一步反映不同树种滞留颗粒物能力的大小。与叶片表面颗粒物的数量分布不同，虽然 Dp > 10μm（粗颗粒物）范围内的颗粒物对总体数量的贡献非常小，但这一粒径范围的颗粒物对体积的贡献有一定的比例，13 种树种粗颗粒物的体积百分比平均为 25.8%；而在总体数量上贡献较大的 Dp ≤ 2.5μm（PM$_{2.5}$）范围内的颗粒物对体积的贡献较小，13 种树种在 7.95% ～ 36.22%，平均为 15.82%；13 种树种叶表面滞留的颗粒物体积百分比最大的均在粒径范围 2.5 ～ 10μm 内；13 种园林植物叶片滞留 PM$_{10}$ 的体积在总体积中的比例在 64% 以上，平均为 75.69%，对颗粒物总体积贡献最大。

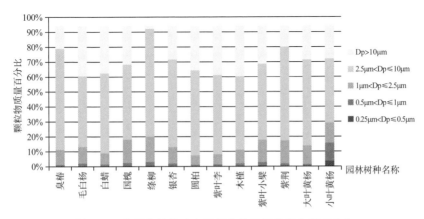

图 3　13 种园林植物叶表面颗粒物不同粒径体积百分比

2.2　13 种园林植物滞留颗粒物能力比较

2.2.1　13 种园林植物滞尘能力比较

由图 4 和图 5 可知，不同园林树种之间的滞尘量差异显著，树种之间的滞尘能力可相差数十倍以上，乔木单位叶面积滞尘能力为：滞尘较强的有圆柏、银杏和臭椿，7d 平均滞尘量大于或接近 1g/m²；滞尘能力一般的有国槐、紫叶李和毛白杨，7d 平均滞尘量的范围为 0.5 ～ 1g/m²；滞尘能力较弱的有白蜡和绦柳，7d 平均滞尘量小于 0.5g/m²。其中最大值（圆柏）是最小值（绦柳）的 27 倍以上，圆柏在乔木树种中的滞尘能力很强，而绦柳的滞尘能力处于劣势，这与很多学者的研究结果相吻合。

灌木单位叶面积滞尘能力为：滞尘最强的是小叶黄杨，平均滞尘量 6.102g/m²，比乔木中滞尘量最大的圆柏要多出 3.923g，滞尘较强的有大叶黄杨，平均滞尘量为 2.662g/m²，木槿的滞尘能力一般，滞尘能力较弱的有紫叶小檗和紫荆，其中小叶黄杨的滞尘量是紫荆的 28 倍以上。

对于滞尘能力强的树种，应种植在城市的一些特殊地带，如污染重的工厂、尘土飞扬的街道，充分发挥这些树种生态功能，为了避免绿化树种的单一性，还应尽量选择多样的滞尘树种。

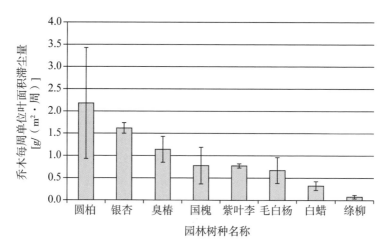

图 4　乔木每周单位叶面积滞尘量

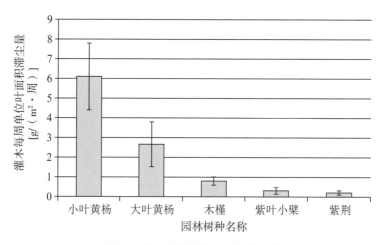

图 5　灌木每周单位叶面积滞尘量

2.2.2　13 种园林植物单位叶面积滞留 PM$_{2.5}$ 能力比较

通过对 13 种园林植物单位叶面积滞留 PM$_{2.5}$ 能力大小分析，得出灌木中小叶黄杨滞留 PM$_{2.5}$ 的能力最强，单位叶面积滞留 1.168g/m^2，大叶黄杨次之，为 0.388g/m^2，紫

荆滞留 $PM_{2.5}$ 的能力最弱，仅为小叶黄杨的 3.35%；乔木中银杏滞留 $PM_{2.5}$ 的能力最强，单位叶面积滞留 $0.225g/m^2$，圆柏次之，为 $0.173g/m^2$，绦柳滞留 $PM_{2.5}$ 的能力最弱，单位叶面积滞留量为银杏的 1/13。

总体来看，$PM_{2.5}$ 滞留能力大小的树种排序为：小叶黄杨＞大叶黄杨＞银杏＞圆柏＞国槐＞臭椿＞木槿＞毛白杨＞紫叶李＞紫叶小檗＞紫荆＞白蜡＞绦柳，$PM_{2.5}$ 滞留能力强的有小叶黄杨、大叶黄杨和银杏，7d 平均滞留量大于或接近 $0.2g/m^2$；较强的有银杏、圆柏、国槐和臭椿，7d 平均滞尘量的范围为 0.2～$0.1g/m^2$；$PM_{2.5}$ 滞留能力一般的有木槿、毛白杨、紫叶李和紫叶小檗，7d 平均滞尘量的范围为 0.1～$0.05g/m^2$；滞尘能力较弱的有白蜡和绦柳，7d 平均滞尘量小于 $0.5g/m^2$。其中最大值（小叶黄杨）是最小值（绦柳）的 68 倍以上。

表 1　不同树种间滞留 $PM_{2.5}$ 能力的方差分析与多重比较

树种名	小叶黄杨	大叶黄杨	银杏	圆柏	国槐	臭椿	木槿	毛白杨	紫叶李	紫叶小檗	紫荆	白蜡	绦柳
滞留 $PM_{2.5}$ 量	1.168 ± 0.187 a	0.388 ± 0.096 b	0.225 ± 0.009 bc	0.173 ± 0.057 cd	0.149 ± 0.045 cd	0.136 ± 0.019 cd	0.094 ± 0.014 cd	0.094 ± 0.023 cd	0.066 ± 0.002 cd	0.059 ± 0.018 cd	0.039 ± 0.011 d	0.031 ± 0.005 d	0.017 ± 0.005 d

注：平均值 ± 标准误，同一行中不同小写字母表示差异显著（$P < 0.05$）。

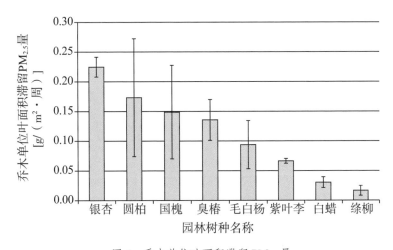

图 6　乔木单位叶面积滞留 $PM_{2.5}$ 量

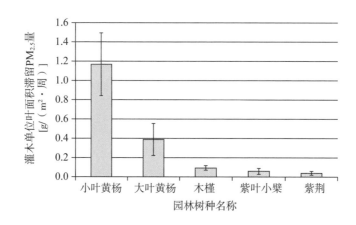

图 7　灌木单位叶面积滞留 $PM_{2.5}$ 量

3　结论与讨论

北京市的空气质量多处在轻微污染，影响空气质量的主要是颗粒物，即降尘和飘尘。北京市适生的园林树种滞尘能力有较大的差异，选择滞尘能力强的树种可以产生较大的滞尘效益。

通过对园林植物滞留大气颗粒物的能力进行分析可知：园林植物叶片表面滞留颗粒物大部分为 PM_{10}，占 94% 以上，说明园林植物可以对大气可吸入颗粒物起到很好的过滤效应，有利于人体呼吸健康，按照不同粒径分级统计时发现，除紫荆外，12 种树种叶表面滞留颗粒物数量最多的粒径范围为 $0.25 \sim 0.5\mu m$，复旦大学公共卫生学院一项研究也证实，粒径在 $0.25 \sim 0.5\mu m$ 的颗粒物数浓度与健康危害关系最显著；且粒径越小，对健康危害越大。这为我国大气颗粒物污染防治提供了新方向，即应重点关注更小粒径颗粒物，而不仅仅是 $PM_{2.5}$。

13 种园林植物单位叶面积滞尘能力大小比较：乔木中滞尘能力较强的有圆柏、银杏和臭椿，灌木中滞尘能力较强的有小叶黄杨和大叶黄杨；13 种园林植物单位叶面积滞留 $PM_{2.5}$ 能力大小比较：乔木中滞留 $PM_{2.5}$ 能力较强的有银杏、圆柏和国槐，灌木中滞留 $PM_{2.5}$ 能力较强的有小叶黄杨和大叶黄杨。

通过分析得出，不同树种滞尘能力和滞留 $PM_{2.5}$ 能力差异显著。因此，对于有利于附着细颗粒物的树种，可在以飘尘为主的城市推广，而有利于附着粗颗粒的树种，可以在以降尘为主的城市推广。如果在城市中种植滞尘能力强的树种，再进行合理的结构设计，则对减轻城市中各种颗粒物的污染具有重要意义。

参考文献

[1] Wang X H , Bi X H, Sheng G Y. Chemical composition and sources of PM_{10} and $PM_{2.5}$ aerosols in Guangzhou, China[J]. Environmental Monitoring and Assessment, 2006, 119（1/3）:425-439.

[2] Dai W , Gao J Q, Cao G, et al. Chemical composition and source identification of $PM_{2.5}$ in the suburb of Shenzhen, China[J]. Atmospheric Research, 2013, 122:391-400.

[3] Poschl U. Atmospheric aerosols: composition, transformation, climate and health effects[J]. Atmospheric Chemistry, 2005, 44（46）:7520-7540.

[4] Stracquadanio M , Apollo G, Trombini C. A study of $PM_{2.5}$ and $PM_{2.5}$-associated polycyclic aromatic hydrocarbons at an urban site in the Po Valley（Bologna, Italy）[J]. Water, Air, and Soil Pollution, 2007, 179（1/4）:227-237.

[5] Ottel E M , van Bohemen H D, Fraaij A L A. Quantifying the deposition of particulate matter on climber vegetation on living walls[J]. Ecological Engineering, 2010, 36（2）: 154-162.

[6] Nowak D J , Crane D E, Stevens J C. Air pollution removal by urban trees and shrubs in the United States[J]. Urban Forestry & Urban Greening. 2006,4（3-4）: 115-123.

[7] Beckett K P , Freer-Smith P H, Taylor G. The capture of particulate pollution by trees at five contrasting urban sites[J]. Arboricultural Journal. 2000, 24: 209-230.

[8] Hee-Jae Hwang , Se-Jin Yook, Kang-Ho Ahn. Experimental investigation of subm icron and ultrafine soot particle removal by tree leaves[J].Atmospheric Environment, 2011, 45:6987-6994.

[9] P H Freer-Smith , K.P.Beckett, Gail Taylor. Deposition velocities to *Sorbus aria, Acer campestre,Populus deltoides × trichocarpa* 'Beaupre', *Pinus nigra* and × *Cupressocyparis leylandii* for coarse, fine and ultra-fine particles in the urban environment[J].Environmental Pollution, 2005, 133:157-167.

[10] P H Freer- Smit. Sophy Holloyway & A.Goodman. The uptake of particulates by an urban w oodland : site description and particulate composition[J].Environmental pollution, 1997,95（1）:27-35.

[11] K Paul Beckett , Peter Freer-Smith, Gail Taylor. Effective tree species for local ari quality management[J].Tree species and Air Quality, 2000, 26（1）:12-19.

[12] B A K Prust , P C Mishra, P A Azeezy. Azeez.Dust accumulation and leaf pigment content in vegetation near the national highway at Sambalpur, Orissa, India[J].Ecotoxicology and Environmental Safety, 2005, 60:228-235.

[13] 于志会，赵红艳，杨波，等.吉林市常见园林植物滞尘能力研究 [J]. 江苏农业科学，2012, 40（6）: 173-175.

[14] 赵晨曦，王玉杰，王云琦，等.细颗粒物（$PM_{2.5}$）与植被关系的研究综述 [J].生态学杂志，2013, 32（8）: 2203-2210.

[15] 王赞红，李纪标.城市街道常绿灌木植物叶片滞尘能力及滞尘颗粒物形态 [J]. 生态环境，2006,15（2）: 327-330.

[16] 刘任涛，毕润成，赵哈林.中国北方典型污染城市主要绿化树种的滞尘效应 [J]. 生态环境，2008, 17（5）:1879-1886.

[17] 余海龙，黄菊莹. 城市绿地滞尘机理及其效应研究进展 [J]. 西北林学院学报，2012, 27（6）：238-241.

[18] 胡舒，肖昕，贾含帅，等. 徐州市主要落叶绿化树种滞尘能力比较与分析 [J]. 中国农学通报，2012,28（16）：95-98.

[19] 刘璐，管东生，陈永勤. 广州市常见行道树种叶片表面形态与滞尘能力 [J]. 生态学报，2013, 33（8）：2604-2614.

[20] 石辉，王会霞，李秋秋，等. 女贞和珊瑚树叶片表面特征的 AFM 观察 [J]. 生态学报，2011a, 31（5）：1471-1477.

[21] 石辉，王会霞，李秋秋. 植物叶表面的润湿性及其生态学意义 [J]. 生态学报，2011b,31（15）:4287-4298.

[22] 赵松婷，李新宇，李延明. 园林植物滞留不同粒径大气颗粒物的特征及规律 [J]. 生态环境学报，2014, 23（2）：271-276.

[23] 邱媛，管东生，宋巍巍. 惠州城市植被的滞尘效应 [J]. 生态学报，2008，28（6）：2455-2462.

[24] 王蕾，高尚玉，刘连友. 北京市 11 种园林植物滞留大气颗粒物能力研究 [J]. 应用生态学报，2006, 17（4）：597-601.

[25] 戴斯迪，马克明，宝乐，等. 北京城区公园及其邻近道路国槐叶面尘分布与重金属污染特征 [J]. 环境科学学报，2013, 33（1）:154-162.

[26] 张新献，古润泽，陈自新. 北京城市居住区绿地的滞尘效益 [J]. 北京林业大学学报，1997,（4）：14-19.

[27] 王蕾，哈斯，刘连友. 北京市六种针叶树叶面附着颗粒物的理化特征 [J]. 应用生态学报，2007, 18（3）：487-492.

第六章　园林植物对大气细颗粒物浓度的正负作用评价

园林绿地对城市大气环境中发挥双重作用，既要评价城市园林植物对细颗粒物的吸附能力，又要定量分析其所释放的 VOCs 的量，因为 VOCs 会作为重要的前体物参与生成 SOA，因此综合评价的研究结果有助于绿化树种的合理选择。国内外在构建模型评价植物消减细颗粒浓度的能力方面已有研究。国外学者主要通过结合场景对象的生态模型在城市尺度上进行城市树木与草通过扩散和沉积减少 $PM_{2.5}$ 的效果模拟，估计城市树木的空气污染的去除能力[1-2]；或基于城市森林污染沉积速率、空气污染排放和周边环境空气质量的大小和空间分布差异分析，利用模型研究 $PM_{2.5}$ 与林木冠层指标的关系[3]。国内学者基于不同尺度研究植物对 $PM_{2.5}$ 的消减及滞留影响，通过模型估算城市尺度林冠覆盖面积上的 $PM_{2.5}$ 的年均消减量[4]；基于林带对阻滞吸附 $PM_{2.5}$ 等颗粒物的影响研究，建立林带阻滞吸附颗粒物有效宽度的模型[5]。但目前研究均未提及考虑植物释放 VOC 对大气颗粒物浓度的贡献量，并作为一个影响因子参与计算。而植物会在生理过程中向大气释放出大量挥发性有机化合物（volatile organic compound，VOCs）[6-9]，在一定的光照等气象条件下，可通过参与光化学反应，以前体物的形式对大气中的臭氧（O_3）和二次有机气溶胶（secondary organic aerosol，SOA）的形成产生重要影响[10-11]，这会直接或间接影响气候变化与大气质量，且影响大小通常与排放清单总量呈正相关关系[12-14]。针对园林绿地对城市大气环境中发挥的双重作用，本研究在考虑园林植物对细颗粒物的滞留能力及植物释放 VOC 的前提下，构建植物消减细颗粒物模型，分析评价植物种类差异对消减 $PM_{2.5}$ 污染的能力，以期为城市绿地功能优化与提升提供理论依据。

1　材料与方法

1.1　试验时间、地点

研究田间试验于 2016 年 5 ～ 8 月在北京市园林科学研究院院内（116°27'52"E，

39°58'31"N）进行，室内试验在北京市园林生态功能评价与调控技术北京市重点实验室及北京大学环境科学与工程学院环境模拟与污染控制国家重点联合实验室进行。采样点为人工种植植被区域，植被覆盖度较高。

1.2　试验材料

选择北京市常用的 15 种园林植物作为研究对象（表1），包括 6 种落叶阔叶乔木、2 种常绿针叶乔木、3 种落叶阔叶小乔木、4 种灌木（包括 3 种落叶阔叶灌木和 1 种常绿阔叶灌木），每种植物分别选取 3 棵树龄接近、生长良好、无病虫害的健康成树进行测量。

表 1　采样基本信息

树种	拉丁名	植被类型	主要分布情况
绦柳	*Salix pendula*	落叶阔叶乔木	华北、东北、西北至淮河流域
油松	*Pinus tabuliformis*	常绿针叶乔木	华北、东北、西北、中原
黄栌	*Cotinus coggygria*	落叶阔叶小乔木	华北、西南
七叶树	*Aesculus chinensis*	落叶阔叶乔木	黄河流域和东部各地
金钟花	*Forsythia viridissima*	落叶阔叶灌木	华北、西南
钻石海棠	*Malus* 'Sparkler'	落叶阔叶小乔木	华北、西北、华南
大叶黄杨	*Euonymus japonicus*	常绿阔叶灌木	西南、华南
樱花	*Prunus serrulata*	落叶阔叶乔木	南北各地
旱柳	*Salix matsudana*	落叶阔叶乔木	华北、东北、西北、长江流域
圆柏	*Sabina chinensis*	常绿针叶乔木	华北、东北、西南、华南
紫丁香	*Syringa oblata*	落叶阔叶小乔木	华北、东北、西北、西南
锦带花	*Weigela florida*	落叶阔叶灌木	华北、东北、西北、淮河流域
胡枝子	*Lespedeza bicolor*	落叶阔叶灌木	南北各地
白蜡	*Fraxinus chinensis*	落叶阔叶乔木	南北各地
元宝枫	*Acer truncatum*	落叶阔叶乔木	华北、东北、长江流域

植物滞留 $PM_{2.5}$ 试验采用干洗法称重结合扫描电镜观测方法。对选好的树种依据其自身特点从树冠四周及上中下各部位均匀采集叶片 30～300 片，采集时选择生长

状态良好且具有代表性的叶片，对每种树种进行 3 次重复采样，并同时立即将叶片封存于干净防尘盒内以防挤压或叶毛被破坏。一般认为，15mm 的降雨量就可以冲掉植物叶片的降尘，然后重新滞尘。根据北京市的降雨特点，于雨量大于 15mm 后 7d 进行采样。全年内共采集到 7d 滞尘样本 3 次。

采用半静态封闭式采样法采集植被排放的 VOCs 样品[15]。选择风速较低、空气质量较好、无降雨、温度与光合有效辐射（*PAR*）接近标准条件［温度 30℃，*PAR* 1000μmol/（m²·s）］的天气进行测量采样。每种树分别采集 3 个平行样。采样结束后，剪下所罩树枝的所有树叶，放置于密封袋中，带回实验室，测量其叶面积后置于烘箱中于 70℃烘干 48h 后称重，记录叶片干重。

1.3 试验方法

1.3.1 园林植物对细颗粒物的滞留能力评价

利用一种植物滞留细颗粒物质量的检测方法（国家发明专利，授权申请号 201410398759.X），对选定园林植物滞留颗粒物尤其是细颗粒物 $PM_{2.5}$ 的能力进行定量计算。

1.3.2 植物夏季 SOA 生成浓度估算

采用半静态封闭式采样装置收集 15 种北京常用园林植物的挥发性有机化合物并进行测定。采用低温冷阱预浓缩和气相色谱质谱联用技术（Gas Chromatography–Mass Spectrometer/Flame Ionization Detector, GC–MS/FID），分析植被排放样品中的 VOCs 浓度和背景空气样品中的 VOCs 浓度，使用的仪器为北京大学环境科学与工程学院环境模拟与污染控制国家重点联合实验室自主研发、武汉市天虹仪表有限责任公司生产的在线 GC–MS/FID 系统。该系统可实现 VOCs 样品的采集、预浓缩、在线分析、数据采集与处理。利用该系统对采集样品进行植被排放 VOCs 的主要类别组成与植被排放 VOCs 的物种浓度特征进行分析。

根据北京市夏季气溶胶变化特征，使用国内外研究中应用较多的气溶胶生成系数法，根据实测的 VOCs 浓度，使用参数化的方法计算 SOA 的生成量[16-17]。

1.3.3 单位叶面积植物消减颗粒物量（$NLW_{2.5S}$）计算方法

式（1）中，$NLW_{2.5S}$ 为植物单位叶面积真正消减 $PM_{2.5}$ 的质量，$LW_{2.5S}$ 为植物单位叶面积滞留 $PM_{2.5}$ 的质量，$SOA_{2.5S}$ 为植物单位叶面积生成二次有机气溶胶的质量。

$$NLW_{2.5S}=LW_{2.5S}-SOA_{2.5S} \qquad (1)$$

2 结果与分析

2.1 园林植物单位叶面积 PM$_{2.5}$ 周滞留量比较

在植物滞尘量计算的基础上，结合电镜观测结果，计算得出单位叶面积滞留 PM$_{2.5}$ 的质量。由图 1 可以看出，不同植物之间滞留细颗粒物能力有很大的差异，单位叶面积 PM$_{2.5}$ 滞留量最多的元宝枫（0.606g/m^2）是单位叶面积 PM$_{2.5}$ 滞留量最少的七叶树（0.044g/m^2）的 13.8 倍。

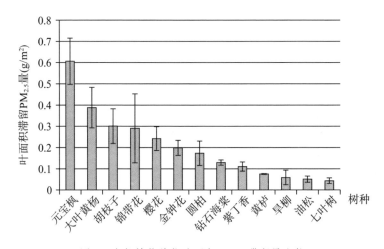

图 1 全部植物单位叶面积 PM$_{2.5}$ 滞留量比较

单位叶面积 PM$_{2.5}$ 滞留量较多的植物有元宝枫、大叶黄杨、胡枝子、锦带花、樱花，其单位叶面积 PM$_{2.5}$ 每周滞留量均在 0.2g/m^2 以上；较少的为黄栌、旱柳、油松、七叶树，其单位叶面积 PM$_{2.5}$ 滞留量均在 0.1g/m^2 以下。

2.2 植物夏季 SOA 生成浓度估算

参考北京市夏季植物二次有机气溶胶 SOA 生成潜势估算值 FAC，有 31 种 VOCs 会生成二次有机气溶胶（表 2[17]），其中 α- 蒎烯、β- 蒎烯生成潜势最高，达到 30%。根据测定的植物释放 VOCs 种类的不同，计算 15 种植物单位叶面积生成 SOA 量（图 2a，2b，2c）。由于油松、黄栌、圆柏等 3 种植物释放 α- 蒎烯的量较高，所以植物释放 VOCs 对 SOA 的贡献较高，大于 0.1g/（m^2·周）。七叶树、紫丁香、绦柳、旱柳、钻石海棠等 5 种植物释放的 VOCs 中也因含有一定量的 α- 蒎烯，对 SOA 的贡献大于 0.001g/（m^2·周）。其他 7 种植物释放的 VOCs 中，除樱花外，其余均不释放 α- 蒎烯，对 SOA 的贡献均较小。

表 2　北京市夏季 SOA 生成潜势估算

VOCs组分	VOCs物种	FAC（%）	VOCs组分	VOCs物种	FAC（%）
烷烃	非SOA前体物	0	芳香烃	间/对二甲苯	4.7
	甲基环戊烷	0.17		邻二甲苯	5
	环己烷	0.17		异丙基苯	4
	正庚烷	0.06		正丙基苯	1.6
	甲基环己烷	2.7		间乙基甲苯	6.3
	2-甲基庚烷	0.5		对乙基甲苯	2.5
	3-甲基庚烷	0.5		邻乙基甲苯	5.6
	正辛烷	0.06		1,3,5-三甲苯	2.9
	正癸烷	2		1,2,4-三甲苯	2
	正十一烷	2.5		1,2,3-三甲苯	3.6
烯烃	非SOA前体物	0		1,3-二乙基苯	6.3
	异戊二烯	2		1,4-二乙基苯	6.3
	α-蒎烯	30		1,2-二乙基苯	6.3
	β-蒎烯	30		非SOA前体物	0
	苯	2	羰基化合物	辛醛	0.24
芳香烃	甲苯	5.4		壬醛	0.24
	乙苯	5.4		癸醛	0.24

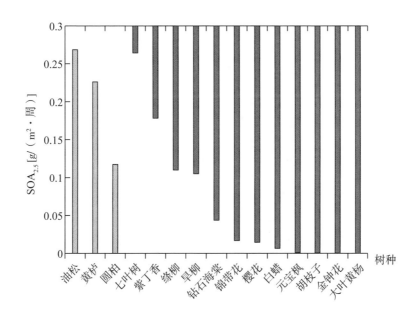

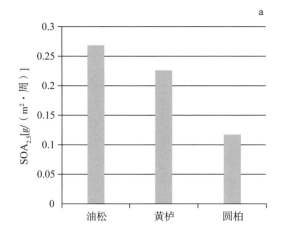

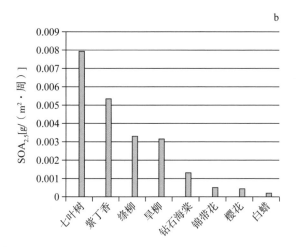

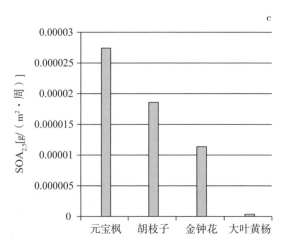

图 2　北京市不同植物夏季 SOA 生成浓度估算

2.3　植物对 $PM_{2.5}$ 的消减量

根据单位叶面积植物消减颗粒物量计算方法，对比分析北京市 15 种乔灌木在夏季时对 $PM_{2.5}$ 的消减能力（表 3）。除黄栌与油松外，其余 13 种植物吸附细颗粒物的能力（$LW_{2.5S}$）远强于其自身释放 $SOA_{2.5}$ 量，两者差别在几千倍到几倍不等。锦带花与元宝枫 2 种植物单位叶面积对 $PM_{2.5}$ 的消减能力最强，两者都大于 $0.600g/（m^2 \cdot 周）$。紫丁香、大叶黄杨、胡枝子、樱花、金钟花、钻石海棠、七叶树、旱柳等 8 种植物对 $PM_{2.5}$ 具有一定的消减作用，消减能力大于 $0.100g/（m^2 \cdot 周）$。圆柏、白蜡、绦柳等 3 种植物对 $PM_{2.5}$ 也具有一定消减作用。黄栌与油松由于释放 VOCs 物质对 SOA 贡献较大，因此这 2 种植物会增加空气 $PM_{2.5}$ 浓度。

表 3　北京市不同植物 SOA 的生成量及对 $PM_{2.5}$ 的消减量

植物种类	SOA 排放速率 $[\mu gC/（gdw \cdot h）]$	叶面积 （cm^2/gdw）	$SOA_{2.5}$ $[g（m^2 \cdot 周）]$	$LW_{2.5}$ $[g/（m^2 \cdot 周）]$	$NLW_{2.5}$ $[g/（m^2 \cdot 周）]$
锦带花	0.099	122.474	0.001	0.615	0.614
元宝枫	0.009	200.814	0	0.606	0.606
紫丁香	1.011	119.197	0.005	0.409	0.403
大叶黄杨	0	106.844	0	0.388	0.388
胡枝子	0.006	198.863	0	0.301	0.301
樱花	0.115	164.638	0	0.242	0.242
金钟花	0.004	199.837	0	0.193	0.193
钻石海棠	0.317	151.767	0.001	0.129	0.128
七叶树	1.548	123.062	0.008	0.128	0.12
旱柳	0.722	144.35	0.003	0.119	0.116
圆柏	5.602	30.05	0.117	0.173	0.056
白蜡	0.048	153.046	0	0.03	0.03
绦柳	0.588	112.311	0.003	0.017	0.013
黄栌	46.298	128.926	0.226	0.133	−0.093
油松	12.311	28.892	0.268	0.051	−0.217

3　结论

（1）植物个体之间滞留细颗粒物能力有很大的差异，单位叶面积 $PM_{2.5}$ 滞留量较多的植物有元宝枫、大叶黄杨、胡枝子、锦带花、樱花，较少的为黄栌、旱柳、油松、七叶树。

（2）不同树种排放的 VOCs 类别组成差异较大，且每种物质生成 SOA 潜势各不相同。油松、黄栌、圆柏 3 种植物由于释放 α-蒎烯的量较高，植物对生成 SOA 的贡献较高。七叶树、紫丁香、绦柳、旱柳、钻石海棠等 5 种植物对 SOA 也具有一定的贡献。其他 7 种植物对 SOA 的贡献较小。

（3）锦带花与元宝枫 2 种植物单位叶面积对 $PM_{2.5}$ 的消减能力最强。紫丁香、大叶黄杨、胡枝子、樱花、金钟花、钻石海棠、七叶树、旱柳等 8 种植物对 $PM_{2.5}$ 消减作用其次。黄栌与油松 2 种植物对 $PM_{2.5}$ 没有消减作用，反而增加空气 $PM_{2.5}$ 浓度。

4　讨论

针对园林绿地对城市大气环境中发挥的双重作用，既要综合分析城市园林植物对细颗粒物的吸附能力，又要定量分析其所释放的 VOCs 排放总量对 SOA 形成的贡献，研究结果有助于绿化树种的合理选择。已有研究结果表明 [18-20]，不同植物个体之间滞留细颗粒物及释放 VOCs 的量差异显著，虽然植物都会不同程度释放 VOCs，但大多数挥发物对人体有益无害 [21]，人为源对 SOA 的贡献远大于天然源的贡献，比较其滞尘量，植物间接生成 SOA 的量较少 [22-23]，大多数植物主要通过叶片及树冠对颗粒物沉降速度产生影响，能够吸附和过滤灰尘，减少空气中颗粒物浓度。

研究虽然对于北京地区主要树种典型天气条件下 VOCs 排放的种类及排放速率的特征有了初步了解，但温度、辐射等环境因子对 VOCs 排放速率都有很大的影响 [24]，仍然缺乏对它们的日、月、季、年变化规律，特别是冠层尺度上森林 VOCs 排放的准确了解和模拟。因此，在以后的相关研究中，应该更系统地研究包括植物体内、植物释放到外界、群落空气中的 VOCs 种类、含量及其变化规律，了解各种挥发性有机物的释放源、分布规律、迁移变化等，为城市绿地植物配植提供更可靠的理论依据。

参考文献

[1] Selmi W, Weber C, Riviere E, et al. Air pollution removal by trees in public green spaces in Strasbourg city, France[J]. Urban Forestry & Urban Greening,2016,17:192-201.

[2] Nowak D J, Hirabayashi S, Bodine A, et al. Modeled $PM_{2.5}$ removal by trees in ten US cities and associated health effects[J]. Environmental Pollution,2013,178:395-402.

[3] King, K L, Johnson S, Kheirbek I, et al. Differences in magnitude and spatial distribution of urban forest pollution deposition rates, air pollution emissions, and ambient neighborhood air quality in New York City[J]. Landscape and Urban Planning,2014,128:14-22.

[4] 赵晨曦 . 基于不同尺度的植物对 $PM_{2.5}$ 的消减及滞留影响研究 [D]. 北京 : 北京林业大学，2015.

[5] 刘萌萌 . 林带对阻滞吸附 PM$_{2.5}$ 等颗粒物的影响研究 [D]. 北京：北京林业大学 ,2014.

[6] 马克明 , 殷哲 , 张育新 . 绿地滞尘效应和机理评估进展 [J]. 生态学报 ,2018,38（12）:4482-4491.

[7] 王扶潘 , 朱乔 , 冯凝 , 等 . 深圳大气中 VOCs 的二次有机气溶胶生成潜势 [J]. 中国环境科学 , 2014,34（10）: 2449-2457.

[8] Claeys M, Graham B, Vas G, et al. Formation of secondary organic aerosols through photo oxidation of isoprene[J]. Science,2004,303:1173-1176.

[9] 王效科 , 牟玉静 . 太湖流域主要植物异戊二烯排放研究 [J]. 植物学通报 , 2002, 19（2）: 224-230.

[10] Geng F, Tie X, Guenther A, et al. Effect of isoprene emissions from major forests on ozone formation in the city of Shanghai[J]. Atmospheric Chemistry and Physics,2011,11:10449-10459.

[11] Erik V. The man who smells forests[J]. Nature,2009,459:498-499.

[12] 陈文泰 , 邵敏 , 袁斌 , 等 . 大气中挥发性有机物（VOCs）对二次有机气溶胶（SOA）生成贡献的参数化估算 [J]. 环境科学学报 , 2013, 33（1）: 163-172.

[13] Guenther A, Hewitt C N, Erickson D, et al. A global model of natural volatile organic compound emissions [J]. Journal of Geophysical Research,1995,100:8873-8892.

[14] Grosjean D. In situ organic aerosol formation during a smog episode estimated production and chemical functionality[J]. Atmospheric Environment,1992,26A:953-963.

[15] Zimmerman P R. Testing of hydrocarbon emissions from vegetation, leaf litter and aquatic surfaces and development of a methodology for compiling biogenic emission inventories[A]. EPA 450/4-79-004[C], USA. Environmental Protection Agency, Research Triangle Park, NC,1979.

[16] Grosjean D, Seinfeld J H. Parameterization of the formation potential of secondary organic aerosols [J]. Atmospheric Environment,1989,23（8）:1733-1747.

[17] 吕子峰 , 段菁春 . 北京市夏季二次有机气溶胶生成潜势的估算 [J]. 环境科学 ,2009,30（4）: 969-974.

[18] 赵松婷 , 李新宇 , 李延明 . 园林植物滞留不同粒径大气颗粒物的特征及规律 [J]. 生态与环境学报 , 2014, 23（2）:271-276.

[19] 吴艳芳 , 闫淑君 , 段嵩岚 , 等 .15 种草本植物春季滞留颗粒物效应研究 [J]. 森林与环境学报 , 2017, 23（4）:418-422.

[20] 谢扬飏 , 邵敏 , 陆思华 , 等 . 北京市园林绿地植被挥发性有机物排放的估算 [J]. 中国环境科学 , 2007, 27（4）:498-502.

[21] 马楠 , 周帅 , 林富平 , 等 .5 种绿篱植物挥发性有机化合物成分分析 [J]. 浙江农林大学学报 , 2012, 29（1）:137-142.

[22] Weitkamp E A, Sage A M, Pierce J R, et al. Organic aerosol formation from photochemical oxidation of diesel exhaust in a smog chamber[J]. Environmental Science and Technology,2007,41（20）: 6969-6975.

[23] Grieshop A P, Logue J M, Donahue N M, et al. Laboratory Investigation of photochemical oxidation of organic aerosol from wood fires 1: measurement and simulation of organic aerosol evolution[J]. Atmospheric Chemistry and Physics,2009,9（4）:1263-1277.

[24] 司徒淑娉, 王雪梅,Guenther Alex, 等 . 气象模拟误差对异戊二烯排放估算的影响 [J]. 环境科学学报 , 2010,30（12）:2383-2391.

第三部分

不同城市绿地类型消减大气颗粒物作用研究

第一章　公园绿地不同植物群落对细颗粒物 PM$_{2.5}$ 浓度的影响

　　城市绿地是城市系统中的自然成分，具有生态环境功能、人体保健功能、教育文化功能、景观游憩功能和产业经济功能，是城市居民日常活动和休憩的主要场所[1-2]。关于不同植被群落的滞尘能力，许多研究都将林地、灌丛、草坪、旷地等立地类型进行了对比[3-5]。不同的绿地类型，其景观效果不同，生态效益也不一样。对于公园绿地空气 PM$_{2.5}$ 浓度在时间尺度上的变化以及不同群落结构内空气 PM$_{2.5}$ 浓度的差异还缺乏全面系统的研究，开展这方面的研究对于了解不同绿地的净化功能，科学指导绿地建设和帮助居民开展绿地游憩活动具有借鉴意义。

1　研究区概况

　　北小河公园位于北京市规划市区的东北角，紧邻北五环。属于朝阳区望京地区，是望京地区最大的社区公园，占地面积 24.8hm^2，园内栽植植物 60 余种万余株。

　　在北小河公园绿地内选出形成时间较长、生态系统相对稳定的植物群落作为研究对象，选取草坪、灌草、阔叶乔草、乔灌草和纯针叶林 5 种典型的绿地类型，并在研究区门口裸地选取对照点一个。斑块总面积均在 100m^2 以上。各绿地植物群落配置见表 1。

表 1　北小河公园样地配置模式信息表

监测点	绿地结构类型	群落名称（优势种命名）	盖度（或郁闭度）	种植密度（m）	株高（m）	胸径（或地径）（cm）	斑块面积（m^2）
公园绿地－北小河公园	乔草型	旱柳 - 早熟禾 + 车前草	50%/65%	3×3	9	14	750
	灌草型	沙地柏 - 萱草	30%/60%	1.8×1.8/0.3×0.3	1/0.5	8	105
	乔灌草型	黄栌 - 红瑞木 - 早熟禾 + 车前草	60%/20%/50%	2×2/0.6×0.6	5/2	9/3	450
	草坪	野牛草 + 早熟禾 + 狗尾草	95%	—	0.03	—	400
	纯针叶林	油松	85%	3×3	7	14.5	600

2　研究方法

2.1　指标的选取

（1）可吸入颗粒物 PM$_{2.5}$ 浓度的测定：采用 PDR-1500 颗粒物监测仪，其测量范围为 0.001 ～ 400mg/m^3，粒径大小响应范围为 0.1 ～ 10μm，分辨率为 0.1μg/m^3，能够精确测量某一环境下可吸入颗粒物的浓度。

（2）空气温湿度、风速（包括最大风速、平均风速）：用 Kestrel-4500 袖珍式气候测量仪。

（3）郁闭度、覆盖度等：目测。

（4）配置类型：目测。

（5）斑块面积：皮尺进行测量。

2.2　指标的测定——年变化

于 2012 年 8 月至 2013 年 7 月，每月各选取一个无风晴天，在北小河公园内 6 个监测点开展试验，从 08：00 开始，18：00 结束，每隔 2h 测定一次，每个样地采集气体 10min，每 10s 读取一组数据。同时记录空气温度、空气湿度、风速。采样高度为距离地表 1.5m，与成人呼吸高度基本一致。

3　结果分析

3.1　PM$_{2.5}$ 日变化规律

由图 1 可以看出，不同类型绿地内的 PM$_{2.5}$ 浓度年均日变化趋势较一致，表现为

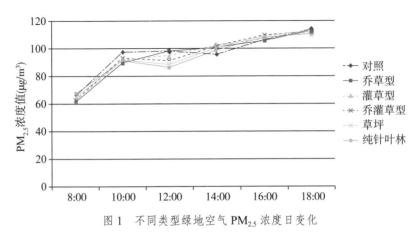

图 1　不同类型绿地空气 PM$_{2.5}$ 浓度日变化

由低到高逐渐升高的趋势，早晨最低，逐渐升高，但在正午12：00有所降低，在傍晚18：00达到了全天最高值。根据环境空气质量指数规定标准，PM$_{2.5}$浓度大于75μg/m^{3}小于115μg/m^{3}为轻度污染天气，大于115μg/m^{3}为中度污染。

3.2　PM$_{2.5}$年变化规律

受污染排放和气象条件等多种因素的影响，不同月份之间PM$_{2.5}$浓度存在着明显的差异（表2），但从不同月份公园绿地内不同配置类型绿地与非绿地内空气PM$_{2.5}$浓度的对比来看，绿地内的浓度低于非绿地内浓度20%左右。1月、3月、6月、7月和11月研究区的可吸入颗粒物PM$_{2.5}$污染较严重，超过了国家PM$_{2.5}$空气质量二级标准75μg/m^3（环境空气质量标准GB 3095—2012），1月PM$_{2.5}$的月均质量浓度最高，为408.98 μg/m^3，超过了国家PM$_{2.5}$空气质量二级标准5倍以上。

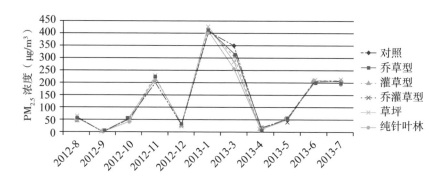

图2　不同类型绿地空气PM$_{2.5}$浓度月变化

3.3　PM$_{2.5}$季节变化规律

由图3可以看出，冬季北小河公园绿地内可吸入颗粒物PM$_{2.5}$的平均浓度为218.82μg/m^3，明显高于春、夏、秋三季。其中PM$_{2.5}$最低值为纯针叶林，平均浓度为134.47μg/m^3。

秋季北小河公园绿地内可吸入颗粒物PM$_{2.5}$的平均浓度为89.95μg/m^3，为四季中最低水平，但也高于国家PM$_{2.5}$二级标准。夏秋季植物生长进入旺盛期，代谢旺盛，林内郁闭度和地被的覆盖度都达到最高，植物起到了很好的滞尘作用，5种植物群落内PM$_{2.5}$的浓度最低的是纯针叶林。

在冬季PM$_{2.5}$的浓度最高，由于冬季采暖的影响，1月的浓度达到全年最高，因此北小河公园绿地内冬季可吸入颗粒物PM$_{2.5}$的平均浓度为218.83μg/m^3，在四季中位居第一。

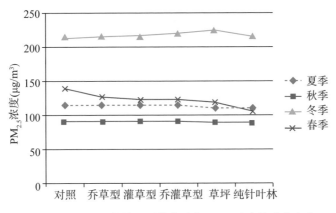

图 3　北小河公园绿地不同植物群落 PM$_{2.5}$ 浓度的季节变化

3.4　不同植物群落结构类型对 PM$_{2.5}$ 的影响

如图 4 所示，北小河公园内不同植物群落类型内 PM$_{2.5}$ 浓度大小排序为：乔灌草型＞乔草型＞灌草型＞草坪＞纯针叶林，观测期间，对照的 PM$_{2.5}$ 远高于其他类型，平均质量浓度为 139.67μg/m^3。这是由于大量的机动车尾气对空气质量构成重大威胁，汽车排放的尾气是大气细颗粒物的主要来源。纯林结构形成较大的树冠，对于颗粒物的拦截作用较大，林内 PM$_{2.5}$ 浓度低于其余几种植物群落。在城市内，乔草、乔灌草、灌草、草坪等 4 种植物群落结构组成差异不明显，群落内 PM$_{2.5}$ 的浓度差异也并不明显。

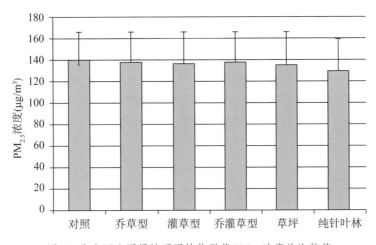

图 4　北小河公园绿地不同植物群落 PM$_{2.5}$ 浓度的比较值

4 结论

研究结果表明，公园绿地内空气中 $PM_{2.5}$ 浓度低于公园外，绿地具有明显的降低 $PM_{2.5}$ 浓度的作用。但试验地点应尽量选择绿地养护水平高、人为干扰少、绿地面积较大的区域，用以保证试验结果的可信度。

植被对 $PM_{2.5}$ 的作用研究尚处于初步阶段，可以借鉴的研究方法相对较少。虽然本研究对公园内不同配置的植物群落 $PM_{2.5}$ 的浓度变化特征进行了对比分析，但是由于试验的周期较短，数据量有限，还很难说明哪种配置结构的景观林带阻滞 $PM_{2.5}$ 的能力最强。尚有许多科学问题有待于后续的研究与进一步深入分析。

参考文献

[1] 康博文，王得祥，刘建军，等．城市不同绿地类型降温增湿效应的研究 [J]．西北林学院学报，2005, 20（2）:54-56.

[2] 彭镇华．中国城市森林 [M]．北京：中国林业出版社，2003.

[3] 孙淑萍，古润泽，张晶．北京城区不同绿化覆盖率和绿地类型与空气中可吸入颗粒物（PM_{10}）[J]．中国园林，2004, 3:77-79.

[4] 张新献，古润泽，陈自新，等．北京城市居住区绿地的滞尘效益 [J]．北京林业大学学报，1997, 19（4）：12-17.

[5] 赵越，金荷仙．西湖景区滨水绿地植物群落可吸入颗粒物 PM_{10} 浓度变化规律 [J]．中国园林，2012, 28: 78-82.

第二章　公园绿地植物配置对大气 $PM_{2.5}$ 浓度的消减作用及影响因子

在全球范围内，颗粒物一直是大多数城市空气污染的主要指标之一，也是今后较长时期内我国大多数城市的首要空气污染物[1]。有效控制颗粒物污染是改善城市质量的必要举措。园林植物通过吸附和滞留悬浮在空气中的颗粒物，降低空气中颗粒物的浓度[2-4]。已有研究结果表明，城市绿地是生物降减 $PM_{2.5}$ 的可行途径[5-7]，不同植被沉积空气中颗粒物的效果不同[8-12]。

城市公园绿地是人类活动比较频繁的地方，不仅发挥着美化环境、休闲游憩的功能，而且有助于改善空气质量。近年来评价城市绿地不同植物配置的环境效益，以将有限的绿地发挥最大的生态服务功能，逐渐成为园林生态研究的热点[13-15]。本文将通过对北京市公园绿地内细颗粒物（$PM_{2.5}$）浓度的监测以及与绿地内斑块面积、郁闭度、乔木层高度、草坪盖度之间的相关性研究，探讨公园绿地植物的最佳配置方式。

1　研究区概况及研究方法

1.1　研究区概况

选择 4 家城市公园，包括天坛公园、中山公园、紫竹院公园、北小河公园进行监测（图 1），各公园内选择形成时间较长、生态系统相对稳定的典型绿地群落作为研究对象。筛选包括乔灌草、乔草、纯林、草坪等城市典型配置结构的绿地，并在各自公园外部入口广场处选取对照点一个（图 2）。各绿地植物群落配置见表 1。

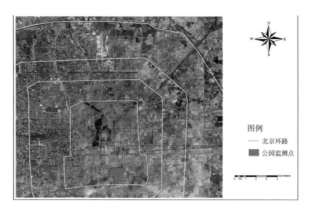

图 1　研究区位置

天坛公园　　　　　　　　　　　　中山公园

北小河公园　　　　　　　　　　　紫竹院公园

图 2　公园内监测地点位置示意

表 1 群落结构特征

监测点	绿地	群落名称（优势种命名）	斑块面积（m²）	乔木层郁闭度	草坪盖度	乔木层高度（m）
北小河公园	乔草型	旱柳－早熟禾+车前草	6250	0.81 ± 0.07	0.65 ± 0.05	11.00 ± 2.00
北小河公园	乔灌草型	黄栌－红瑞木－早熟禾+车前草	2000	0.31 ± 0.03	0.80 ± 0.01	6.00 ± 1.00
	草坪	野牛草+早熟禾+狗尾草	283	—	0.95 ± 0.05	—
紫竹院公园	纯林	油松	3342	0.97 ± 0.06	—	7.00 ± 1.00
	乔草型	白皮松+雪松－早熟禾	4482	0.47 ± 0.08	0.95 ± 0.03	12.00 ± 1.50
	竹林	菲白竹－早熟禾	1636	0.77 ± 0.12	0.95 ± 0.03	4.00 ± 0.50
	乔灌草型	元宝枫+油松－小叶黄杨+早熟禾	830	0.91 ± 0.05	0.80 ± 0.11	12.00 ± 2.00
	草坪	黑麦	2800	—	1.00	—
天坛公园	纯林	古侧柏	6040	0.87 ± 0.11	—	11.50 ± 1.00
	乔草型	古侧柏－黑麦+玉簪	9534	0.87 ± 0.13	0.95 ± 0.03	15.00 ± 2.50
	乔灌草型	雪松－月季－黑麦	755	0.36 ± 0.08	0.80 ± 0.11	14.50 ± 2.00
中山公园	乔草型	侧柏+七叶树－黑麦	452	0.83 ± 0.09	0.90 ± 0.08	11.00 ± 2.00
	乔灌草型	侧柏+圆柏—紫薇+锦带－黑麦	1645	0.61 ± 0.12	0.60 ± 0.15	11.00 ± 2.00
	纯林	古侧柏	881	0.88 ± 0.09	—	10.00 ± 1.00

1.2 研究方法

1.2.1 指标的选取

（1）PM$_{2.5}$ 颗粒污染物浓度的测定：采用 PDR-1500 颗粒物监测仪，分辨率为 0.1μg/m³。采样高度为距离地表 1.5m，与成人呼吸高度基本一致。

（2）大气温湿、大气压：用 Kestrel-4500 袖珍式气候测量仪。

（3）乔木层郁闭度：用 LAI-2200C 冠层分析仪进行测量。

（4）草坪盖度：利用样方法进行目测估算。

（5）斑块面积：形状规则的用皮尺进行测量，形状不规则的用 UG801 移动手持 GPS 进行面采集。

（6）乔木层高度：利用手持测高仪 TRUPULSE200 进行测量。

1.2.2　指标的测定

于 2014 年 1～12 月，每月上、中、下旬各选取一天（晴天，微风、轻度污染）对 4 个公园内的监测点进行 $PM_{2.5}$ 浓度的监测。每天监测时段为 7：00～19：00，每隔 2h 监测一次，每次监测 5min，每 10s 自动读取一组数据。同时记录大气温度、大气湿度。采样高度为距离地表 1.5m，与成人呼吸高度基本一致。

1.3　数据处理

1.3.1　指标的计算

公园绿地对 $PM_{2.5}$ 消减百分率的计算公式如下 [16]：

$$P = \frac{C_s - C_m}{C_s} \times 100\%$$

式中，C_s 是对照点处 $PM_{2.5}$ 的浓度，C_m 是不同类型绿地 $PM_{2.5}$ 的浓度。

1.3.2　数据处理

采用 Excel 2007 进行数据整理与图表制作，利用 SPSS17.0 进行方差及偏相关关系分析。

2　结果与分析

2.1　不同植物群落结构类型对大气 $PM_{2.5}$ 浓度的消减影响

图 3 是天坛公园、中山公园、紫竹院公园、北小河公园各类型绿地全年 $PM_{2.5}$ 平均消减率对比。由图 3 可见，天坛公园总体消减 $PM_{2.5}$ 效果较好，消减率整体可以达到 18.21%，北小河公园消减率为 6.79%，紫竹院公园、中山公园的总体消减效果较低，分别为 3.45% 和 2.01%。各公园监测绿地中不同配置模式绿地对细颗粒物的消减效果略有差异，但差异都不显著（$P > 0.05$）。

天坛公园的古柏林群落及古柏林 + 草坪群落配置绿地的消减效果最佳，全年消减 $PM_{2.5}$ 可以达到 20%，其次是乔灌草群落，也可以达到 18.96%，草坪绿地对 $PM_{2.5}$ 消减率可以达到 14.85%，天坛公园绿地整体消减 $PM_{2.5}$ 能力最佳；中山公园的古柏林对 $PM_{2.5}$ 的消减效果也最佳，可以达到 6.83%，其次是乔草群落仅为 1.54%，乔灌草群落高于对照点；紫竹院公园竹林的消减效果最佳，可以达到 4.70%，其次是乔草群落与乔灌草群落，分别为 2.91% 与 2.76%。北小河公园中针叶纯林的配置绿地消减效果最好，可以达到 7.08%，其次为乔灌草群落，可以达到 6.64%，乔草群落对 PM$_{2.5}$ 消减率为 6.10%，草坪对 PM$_{2.5}$ 消减率最低，为 5.84%。

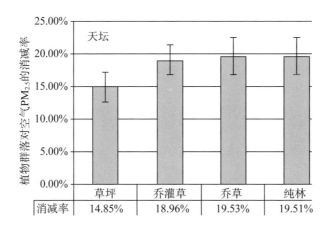

	草坪	乔灌草	乔草	纯林
消减率	14.85%	18.96%	19.53%	19.51%

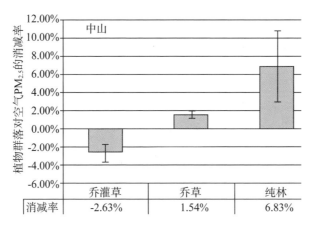

	乔灌草	乔草	纯林
消减率	-2.63%	1.54%	6.83%

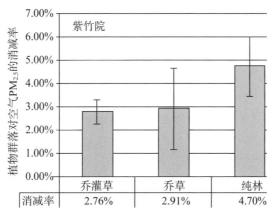

	乔灌草	乔草	纯林
消减率	2.76%	2.91%	4.70%

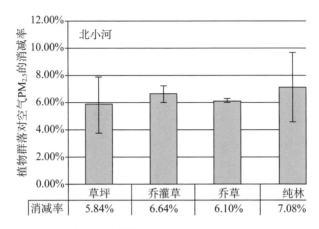

图 3　公园绿地监测点 $PM_{2.5}$ 消减率分析

总体分析来看，在 4 家公园中，纯林绿地或乔草配置型绿地消减 $PM_{2.5}$ 率最佳，纯草坪绿地消减 $PM_{2.5}$ 率最低。

2.2　群落结构各表征因子对大气 $PM_{2.5}$ 消减率的影响

选取反映 4 家公园 14 块绿地群落结构的指标，包括斑块面积、乔木层郁闭度、乔木层高度、草坪盖度等 4 项指标，利用偏相关关系的分析方法，分析各项结构因子对群落发挥消减 $PM_{2.5}$ 浓度作用的影响（表 2）。

表 2　消减率与群落结构的偏相关关系

	斑块面积	乔木层郁闭度	草坪盖度	乔木层高度
相关性	0.612	0.097	0.229	0.239
显著性	0.015*	0.721	0.394	0.373

* 表示在 0.05 水平相关性显著（双尾检验）。

由表 2 可以看出，绿地对 $PM_{2.5}$ 的消减能力与斑块面积具有显著相关性，相关系数达到0.612（ $P < 0.05$ ），斑块面积越大，绿地对消减 $PM_{2.5}$ 浓度的效果越明显（图 4）。乔木层郁闭度、乔木层高度、草坪盖度等 3 项结构植被对群落发挥消减 $PM_{2.5}$ 浓度作用的影响不大，相关性不显著。

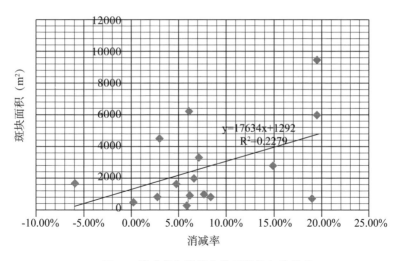

图 4 消减率与群落斑块面积的相关关系

2.3 气象因子对大气 PM$_{2.5}$ 浓度变化的影响

对各地段观测点上的 PM$_{2.5}$ 浓度和气象因子（温度、相对湿度、气压）进行了偏相关关系分析，结果（表3，图5）表明，各测点上 PM$_{2.5}$ 的浓度和温度、相对湿度显著相关，与大气压相关性不显著。

表 3 PM$_{2.5}$ 浓度与气象因子的偏相关关系

	温度	相对湿度	气压
相关性	−0.186	0.549	0.1
显著性	0.031**	0.000**	0.249

** 表示在 0.01 水平相关性显著（双尾检验）。

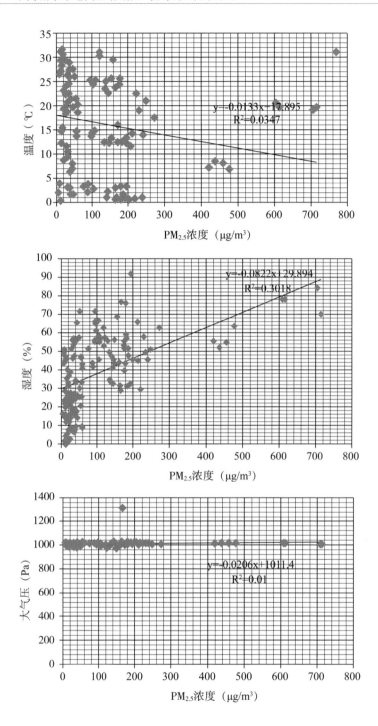

图 5 大气 $PM_{2.5}$ 浓度与环境因子的相关关系

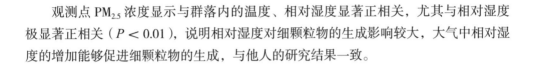

观测点 PM$_{2.5}$ 浓度显示与群落内的温度、相对湿度显著正相关，尤其与相对湿度极显著正相关（$P < 0.01$），说明相对湿度对细颗粒物的生成影响较大，大气中相对湿度的增加能够促进细颗粒物的生成，与他人的研究结果一致。

3　结论

（1）各公园监测绿地中不同配置模式绿地对细颗粒物的消减效果略有差异，但差异都不显著。纯林绿地或乔草配置型绿地消减 PM$_{2.5}$ 能力最佳，纯草坪绿地对 PM$_{2.5}$ 消减率最低。

（2）绿地配置模式会影响其对大气 PM$_{2.5}$ 浓度的消减能力，其中与斑块面积具有显著相关性，斑块面积越大，绿地对消减 PM$_{2.5}$ 浓度的效果越明显。而与乔木层郁闭度、乔木层高度、草坪盖度等结构指标相关性不显著。

（3）各观测点 PM$_{2.5}$ 浓度显示与群落内的相对湿度显著正相关，与温度有显著负相关关系，与大气压无关。

4　讨论

4.1　不同植物群落配置对大气 PM$_{2.5}$ 浓度的消减影响

颗粒物与绿地类型的关系较复杂，除了受绿地结构、绿地类型的影响以外，不同季节、不同时间也有变化。本文比较了公园绿地内，不同群落结构全年对大气 PM$_{2.5}$ 的消减率，4 家公园绿地表现出纯林与乔草群落要优于草坪与乔灌草群落的趋势。吴志萍等[18]在对不同类型绿地空气颗粒物浓度进行比较时发现，多层复合结构的乔灌草绿地中树木郁闭度和地被物覆盖度都很高，绿量大，但是它的颗粒物浓度却高于单层结构。而陈自新[9]、张新献[10]等人的研究结果是乔灌草绿地内空气颗粒物浓度最低。研究结果有所区别的原因可能与乔灌草绿地的植物密度较高、枝下高偏低、花灌木数量多有关系。植物密度高、枝下高偏低，使得林内阴湿，通风条件不好，不利于颗粒物的输送和扩散，在城市不断有外界颗粒物输入的情况下，可能反而导致颗粒物浓度居高不下。而群落骨干树种突出的 1 ～ 2 层的乔木或乔草结构，建成多年，乔木规格较大，且健康稳定的绿地配置模式对 PM$_{2.5}$ 的消减作用明显[18]。但本文研究也表明，不同配置模式绿地对细颗粒物的消减效果受公园整体环境影响较大，同一公园内消减效果相对较一致。

4.2　群落结构因子对大气 PM$_{2.5}$ 消减率的影响

殷杉等[13]对上海浦东某交通干道旁侧绿化带不同季节大气中总悬浮颗粒物（TSP）的测定，得出相同面积的绿地对 TSP 的净化百分率同植物群落的郁闭度呈正相关。本文比较了不同环境下不同面积的植物群落对大气 PM$_{2.5}$ 消减率，结果表明绿地斑块面积会显著影响其对细颗粒物的消减能力，面积越大，消减能力越强，而与群落的郁闭度相关性不大。如进一步分析不同群落郁闭度对大气 PM$_{2.5}$ 消减率的影响，需要选择相同面积的植物群落进行比较。

4.3　气象因子对大气 PM$_{2.5}$ 浓度变化的影响

由于研究结果受观测地点、采样时间和试验环境等多种因素的影响，不同地点所测结果数值和变化趋势可能有差别，但比较李素莉等[19]的研究可以发现，尽管测试环境差异很大，但观测点 PM$_{2.5}$ 浓度与群落内的相对湿度显著正相关，说明相对湿度的确对细颗粒物的生成影响较大，大气中相对湿度的增加能够促进细颗粒物的生成，与本研究结果一致。

参考文献

[1] 田刚，黄玉虎，樊守彬.扬尘污染控制 [M].北京：中国环境出版社，2013.

[2] 李新宇，赵松婷，李延明，等.北方常用园林植物滞留颗粒物能力评价 [J].中国园林，2015, 3: 72-75.

[3] 赵松婷，李新宇，李延明.园林植物滞留不同粒径大气颗粒物的特征及规律 [J].生态环境学报，2014, 23（2）: 271-276.

[4] Freer Smith PH，Beckett KP，Taylor G. Deposition velocities to *Sorbus aria*，*Acer campestre*，*Populus deltoids × trichocarpa*'Beaupre'，*Pinus nigra* and × *Cupressocyparis leylandii* for coarse，fine and ultra fine particles in the urban environment[J]. Environmental Pollution, 2005, 133（1）:157-167.

[5] Beckett K P, Freer-Smith P H, Taylor G. The capture of particulate pollution by trees at five contrasting urban sites[J]. Arboricultural Journal, 2000, 24: 209-230.

[6] Freer Smith PH，Holloway S，Goodman A. The uptake of particulates by an urban woodland: Site description and particulate composition[J]. Environment Pollution，1997，95（1）: 27-35.

[7] Beckett K P, Freer-Smith P H, Taylor G. Urban woodlands: their role in reducing the effects of particulate pollution[J]. Environmental pollution, 1998, 99（3）: 347-360.

[8] 孙淑萍，古润泽，张晶.北京城区不同绿化覆盖率和绿地类型与空气中可吸入颗粒物（PM$_{10}$）[J].中国园林，2004, 3:77-79.

[9] 陈自新，苏雪痕，刘少宗，等.北京城市园林绿化生态效益的研究（3）[J].中国园林，

1998, 14（3）: 53-56.

[10] 张新献, 古润泽, 陈自新, 等. 北京城市居住区绿地的滞尘效益 [J]. 北京林业大学学报,
1997, 19（4）: 12-17.

[11] 赵越, 金荷仙. 西湖景区滨水绿地植物群落可吸入颗粒物 PM$_{10}$ 浓度变化规律 [J]. 中国
园林, 2012, 28: 78-82.

[12] Beckett K P, Freer-Smith P H, Taylor G. Urban woodlands: their role in reducing the effects
of particulate pollution[J]. Environmental Pollution,1998,99: 347-360.

[13] 殷杉, 蔡静萍, 陈丽萍, 等. 交通绿化带植物配置对空气颗粒物的净化效益 [J]. 生态学报,
2007, 27（11）: 4590-4595.

[14] Chen F, Zhou Z X, Xiao R B. Estimation of ecosystem services of urban green-land in
industrial areas: A case study on green-land in the workshop area of the Wuhan Iron and Steel
Company[J]. Acta Ecologica Sinica, 2006, 26（7）:2230-2236.

[15] Nowak D J, Crane D E, Stevens J C. Air pollution removal by urban trees and shrubs in the
United States[J]. Urban Forestry & Urban Greening, 2006, 4:115-123.

[16] 郭伟, 申屠雅瑾, 郑述强, 等. 城市绿地滞尘作用机理和规律的研究进展 [J]. 生态环境
学报, 2010, 19（6）: 1465-1470.

[17] 王国玉, 白伟岚, 李新宇, 等. 北京地区消减 PM$_{2.5}$ 等颗粒物污染的绿地设计技术探析 [J].
中国园林, 2014, 30（223）:70-76.

[18] 吴志萍, 王成, 侯晓静, 等. 6 种城市绿地空气 PM$_{2.5}$ 浓度变化规律的研究 [J]. 安徽农
业大学学报, 2008, 35（4）: 494-498.

[19] 李素莉, 杨军, 马履一, 等. 北京市交通干道防护林内 PM$_{2.5}$ 浓度变化特征 [J]. 西北林学
院学报, 2015, 30（3）: 245-252.

第三章　公园、室内及道路旁空气 PM$_{2.5}$ 浓度特征分析和影响因素研究

　　PM$_{2.5}$ 为空气动力学直径小于或等于 2.5 的颗粒物，被人体吸入后容易直接进入肺泡，干扰肺部的气体交换，引发各种疾病，严重影响人们的身体健康，因而越来越受到人们的关注 [1]。

　　近年来，不少学者 [2-7] 通过实地监测分别对公园绿地和道路绿地 PM$_{2.5}$ 浓度变化进行了研究，李新宇等 [8,9] 对北京市不同主干道绿地群落消减大气 PM$_{2.5}$ 浓度的影响进行了研究，并对公园绿地不同植物群落对细颗粒物 PM$_{2.5}$ 浓度的消减作用进行了分析，杨柳等 [10] 针对不同交通状况下道路边大气颗粒物数浓度粒径分布特征进行了分析。由于人们每天大多数时间是在室内度过的，室内细颗粒物污染对人体健康的影响研究愈显重要，刘阳生等 [11] 研究了北京市冬季公共场所室内空气中 TSP，PM$_{10}$，PM$_{2.5}$ 和 PM$_1$ 污染情况，胡锦华等 [12] 对长沙市冬季某商场建筑室内外细颗粒物浓度的进行了实测与分析。目前，以上研究都局限于一段时间内，某一类型的绿地或某一特定的环境内 PM$_{2.5}$ 浓度的变化研究，缺乏不同环境内细颗粒物浓度的长期监测数据及对比分析。

　　本文对不同公园绿地及附近商场建筑室内、道路旁 PM$_{2.5}$ 浓度进行连续两年的采样，分析不同环境内 PM$_{2.5}$ 浓度的日变化、月变化和季节性变化特征，并针对不同污染天气条件下 PM$_{2.5}$ 浓度在公园绿地、室内及道路开敞空间的变化进行了对比分析，以及这种变化与其他因素之间的关系。以期为今后研究公园绿地、公共建筑室内及道路旁细颗粒物的污染控制提供依据，并科学指导城市公园建设，帮助居民合理开展户外游憩活动。

1　研究区域概况

　　天坛是圜丘、祈谷两坛的总称，占地 273hm^2，现有面积 200hm^2 左右，有古建筑 92 座 600 余间，是中国也是世界上现存规模最大、形制最完备的古代祭天建筑群。天坛公园有各种树木 6 万多株，更有 3500 多株古松柏、古槐，绿地面积达 163 万 m^2，环境森然静谧，气氛肃穆庄严。

中山公园位于北京城的中心，占地总面积为 68.2 万 m^2，其中水面积 38.9 万 m^2，陆地面积 29.3 万 m^2，是中国现存历史最悠久、保存最完整的古典皇家园林，是国家重点文物保护单位和 AAAA 级旅游景区。

紫竹院公园位于北京西北近郊，海淀区白石桥附近，北京首都体育馆西侧。紫竹院公园始建于 1953 年，全园占地 47.35hm^2，其中水面约占 1/3。它是一座以竹造景、以竹取胜的自然式山水园。

北小河公园位于朝阳区望京地区，是望京地区最大的社区公园。公园始建于 2005 年，2006 年 5 月正式开园。占地面积 24.8hm^2，其中水面积 0.7hm^2。园内栽植植物 60 余种万余株，展现了三季有花、四季常青的特点。

2　研究方法

2.1　调查方法

2.1.1　监测区的选取

根据北京市公园的主要类型及公园的分布特点，分别选取二环内、二环和三环之间、四环和五环之间的公园——天坛公园、中山公园、紫竹院公园和北小河公园进行 PM$_{2.5}$ 的浓度监测，如图 1 所示。

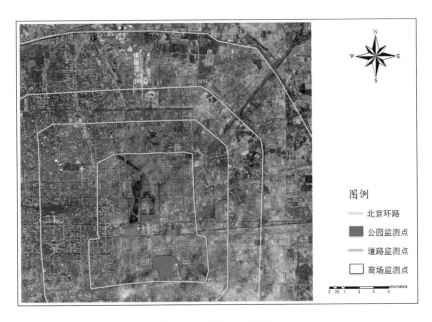

图 1　监测点的位置图

2.1.2　监测点选取

分别对天坛公园、中山公园、紫竹院公园和北小河公园内，公园附近的道路旁（相对应的分别是天坛东路、中山公园南门外、中关村南大街和利泽西街），附近商业区（相对应的分别是天乐市场、无、家乐福和高尔夫会所室内）进行空气 $PM_{2.5}$ 浓度监测并做差异对比分析，同时建立空气 $PM_{2.5}$ 浓度监测数据库，进而评价城市公园对降低大气 $PM_{2.5}$ 浓度的作用。

2.2　指标的选取与测定

2.2.1　指标的选取

（1）$PM_{2.5}$ 颗粒物浓度：用 PDR-1500 测试仪。

（2）空气温湿度、风速（包括最大风速、平均风速）：用 Kestrel-4500 袖珍式气候测量仪。

（3）公园绿地配置类型：目测。

（4）公园绿地郁闭度、覆盖度：目测。

（5）道路车流量：目测。

（6）公园及附近商场人流量：找参照点目测、计算。

2.2.2　指标的测定

（1）月变化和季节性变化：春季（3、4、5月）、夏季（6、7、8月）、秋季（9、10、11月）、冬季（12月、翌年1月和2月），每月上、中、下旬各选取一天，对选定公园内及公园附近的道路旁、附近商场内进行 $PM_{2.5}$ 浓度的监测。

（2）日变化：选择晴天、微风（风力＜3级）、无或轻度污染天气，每天监测时段为7：00～19：00，每隔2h监测一次，每次监测10min，每10s读取一组数据。同时记录空气温度、空气湿度、风速。采样高度为距离地表1.5m，与成人呼吸高度基本一致。

3　结果分析

3.1　不同公园内、外 $PM_{2.5}$ 浓度的日变化分析

3.1.1　不同公园内、外 $PM_{2.5}$ 浓度的日变化特征分析

4个公园内、建筑室内和道路旁 $PM_{2.5}$ 浓度的日变化特征分析如图2所示，从图2

可以看出，4 个公园内外 PM$_{2.5}$ 浓度日变化趋势较一致，基本呈现双峰单谷型，即早晚高，白天低。早上与晚上相比，早上的 PM$_{2.5}$ 浓度高于晚上。变化趋势是：不同公园内外 PM$_{2.5}$ 浓度在早上 7：00 左右达到最大值后浓度开始一直下降，到下午 13：00 或 15：00 左右达到最低值，然后晚高峰 PM$_{2.5}$ 浓度开始上升。

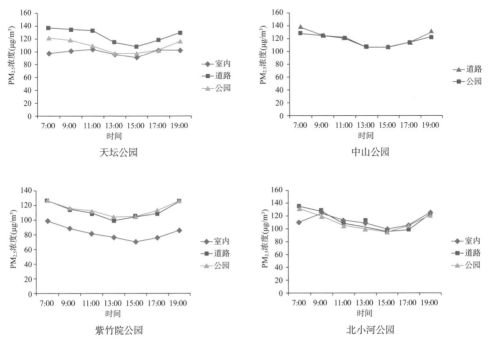

图 2　不同公园内、外 PM$_{2.5}$ 浓度的日变化图

3.1.2　不同公园内、外 PM$_{2.5}$ 浓度的日平均值变化分析

3.1.2.1　无污染或轻度污染天气条件下（PM$_{2.5}$ ≤ 115μg/m^3）不同公园内、外 PM$_{2.5}$ 浓度的日平均值变化分析

不同公园内、外 PM$_{2.5}$ 浓度的日平均值变化分析图如图 3 所示，当无污染或轻度污染天气条件下即 PM$_{2.5}$ < 115μg/m^3 时，除紫竹院公园外，天坛公园、中山公园和北小河公园 PM$_{2.5}$ 浓度均表现出公园内低于道路旁，分别降低了 28.4%、3.8%、6.0%，其中以天坛公园绿地的配置模式最佳，消减 PM$_{2.5}$ 能力最强，中山公园最弱。此外，天坛公园、紫竹院公园和北小河公园内 PM$_{2.5}$ 浓度也同样低于建筑室内，变幅分别为 8%、3.2% 和 7.4%。说明公园绿地在无污染或轻度污染天气条件下对 PM$_{2.5}$ 有较明显的滞留作用，不同公园绿地消减 PM$_{2.5}$ 浓度不同，可能与公园绿地规模、植物群落配置等因素有关。

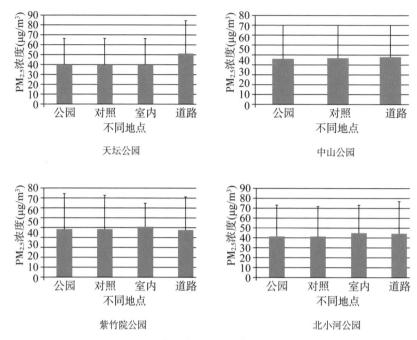

图 3　不同公园内、外 PM$_{2.5}$ 浓度的日平均值变化图

3.1.2.2　中度污染天气条件下（115μg/m^3 < PM$_{2.5}$ ≤ 150μg/m^3）不同公园内、外 PM$_{2.5}$ 浓度的日平均值变化分析

中度污染（115μg/m^3 < PM$_{2.5}$ ≤ 150μg/m^3）天气条件下不同公园内、外 PM$_{2.5}$ 浓度的日平均值变化分析结果如图 4 所示。由图 4 可以看出在中度污染天气条件下，公园绿地对 PM$_{2.5}$ 也有一定的滞留作用，除紫竹院公园外，天坛公园、中山公园和北小河公园 PM$_{2.5}$ 浓度同样表现出公园内低于道路旁，分别降低了 7.7%、4.2%，4%，除北小河公园外，天坛公园和紫竹院公园绿地内 PM$_{2.5}$ 浓度均高于建筑室内，分别高出 19.4% 和 33.8%，在一定程度上说明中度污染天气条件下，也不太适宜外出及开窗通风。

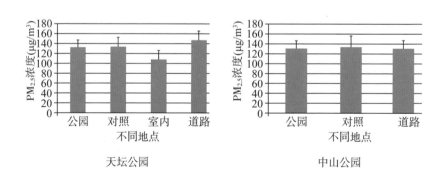

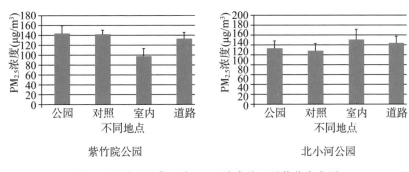

图 4 不同公园内、外 PM$_{2.5}$ 浓度的日平均值变化图

3.1.2.3 重度污染及以上天气条件下（PM$_{2.5}$ > 150μg/m³）不同公园内、外 PM$_{2.5}$ 浓度的日平均值变化分析

重度污染及以上天气条件下（PM$_{2.5}$ > 150μg/m³）不同公园内、外 PM$_{2.5}$ 浓度的日平均值变化分析结果如图 5 所示。由图 5 可以看出在重度污染及以上天气条件下，公园绿地对 PM$_{2.5}$ 滞留作用不十分明显，除紫竹院公园外，天坛公园、中山公园和北小河公园内 PM$_{2.5}$ 浓度略低于道路旁，降幅分别为 9.5%、0.5%、0.33%。此外，公园内、室内与道路旁 3 个不同环境 PM$_{2.5}$ 浓度变化表现为建筑室内最低。除中山公园外（数

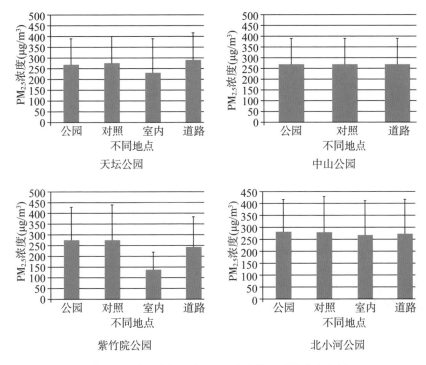

图 5 不同公园内、外 PM$_{2.5}$ 浓度的日平均值变化图

据缺失），天坛公园、紫竹院公园和北小河公园附近建筑室内 $PM_{2.5}$ 浓度分别比公园绿地降低了 12.8%、39.6% 和 5.2%，可能是由于建筑室内中央空调起到一定的净化空气的作用，以上数据结果更进一步说明公园绿地对 $PM_{2.5}$ 滞留作用的发挥是受一定的天气污染条件制约的。

3.2 不同公园内、外 $PM_{2.5}$ 浓度的年变化分析

3.2.1 不同公园内、外 $PM_{2.5}$ 浓度的月变化分析

不同公园内、外 $PM_{2.5}$ 浓度的月变化分析结果如图 6 所示，不同月份之间 $PM_{2.5}$ 浓度有较大差异，4 个公园内、室内及道路旁 $PM_{2.5}$ 浓度变化趋势较一致，均在 2 月达到最大值，在 $200\mu g/m^3$ 以上，空气质量指数为重度污染；$PM_{2.5}$ 浓度在 8 月达到最小值，在 $50\mu g/m^3$ 以下，空气质量指数为良。但公园内、室内与道路 3 个不同环境内的 $PM_{2.5}$ 浓度的比较没有一定的规律。

由图 6 得知：4 个公园内、建筑室内及道路旁 $PM_{2.5}$ 浓度均在 8 月最低，主要是由于植物生长进入旺盛期，林内郁闭度和草坪的覆盖度都逐渐达到最高，植物起到了很好的滞留 $PM_{2.5}$ 的作用，另外 8 月的降水量多，降水起到了湿沉降的作用，使得空气中的细颗粒物浓度减少，致使 8 月 $PM_{2.5}$ 浓度最低。12 月、1 月和 2 月的 $PM_{2.5}$ 浓度值逐月递增，这主要是由于北京市 12 月进入采暖期且落叶植物进入相对休眠期导致的

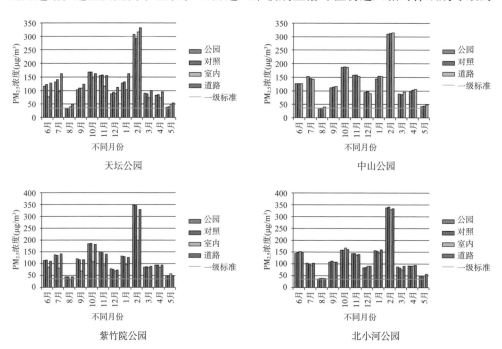

图 6 不同公园内、外 $PM_{2.5}$ 浓度的月变化图

结果。3 月、4 月和 5 月植物开始进入生长期，树木郁闭度和草坪的覆盖度逐渐增加，3 月中旬供暖停止、落叶树木从休眠转入生长期，故 3 月 PM$_{2.5}$ 浓度值较 2 月明显降低，但由于北京春季风沙大、气候干燥、沙尘暴频繁，4 月 PM$_{2.5}$ 浓度值受风沙、扬尘等的影响略高。

3.2.2　不同公园内、外 PM$_{2.5}$ 浓度的不同季度变化分析

从不同公园内、外 PM$_{2.5}$ 浓度的不同季度变化结果可以看出（图 7）：4 个公园内、道路旁和建筑室内的 PM$_{2.5}$ 浓度均表现为冬季最高，春季最低，主要是因为冬季北京地区采暖燃煤释放的大量黑碳加剧了雾霾的形成。公园内、室内与道路旁 3 个不同环境内的 PM$_{2.5}$ 浓度的比较没有一定的规律。

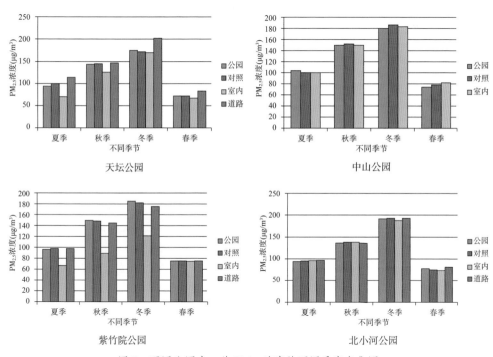

图 7　不同公园内、外 PM$_{2.5}$ 浓度的不同季度变化图

3.3　环境要素对 PM$_{2.5}$ 浓度的影响

3.3.1　气象因子与 PM$_{2.5}$ 浓度的关系

公园绿地对空气 PM$_{2.5}$ 浓度变化与消减作用的影响受气象因子制约。PM$_{2.5}$ 浓度与温度、风速呈负相关关系，相关系数分别为 0.186（$P < 0.05$）和 0.379（$P < 0.01$），

即温度越高、风速越大，PM$_{2.5}$浓度越低，消减能力越强；气压与PM$_{2.5}$浓度呈正相关，但相关性不强，相关系数为0.099（$P > 0.05$），可见气压对颗粒物浓度的影响作用较小；PM$_{2.5}$浓度与相对湿度呈正相关关系，相关系数为0.549（$P < 0.01$），即相对湿度越大，PM$_{2.5}$浓度越大。这也进一步证明了低温、高湿和相对静风的气象状态不利于空气PM$_{2.5}$颗粒物的扩散和输送，相对的高温，风大，空气对流、湍流运动加强易于PM$_{2.5}$颗粒物的扩散和输运。

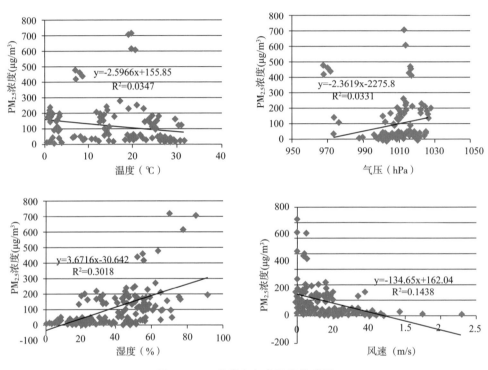

图8　PM$_{2.5}$浓度与气象因子关系图

3.3.2　车流量对PM$_{2.5}$浓度变化的影响

北小河公园道路旁PM$_{2.5}$浓度与道路（主路＋辅路）的车流量呈弱正相关，相关系数分别为0.348（$P < 0.01$），即车流量增大，PM$_{2.5}$浓度也会缓慢地升高。说明汽车尾气对PM$_{2.5}$浓度有一定的贡献。天坛公园、中山公园和紫竹院公园道路旁PM$_{2.5}$浓度与道路（主路＋辅路）的车流量呈极弱正相关，相关系数分别为0.198、0.08和0.189。

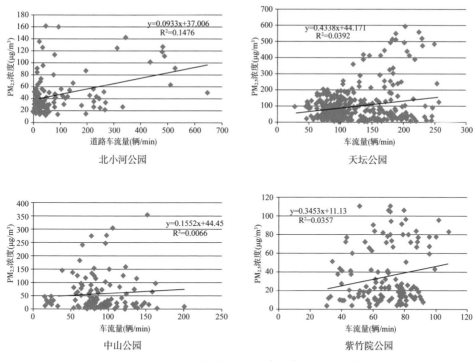

图 9　公园附近道路 PM$_{2.5}$ 浓度与车流量变化关系

3.3.3　公园内对照点人流量对 PM$_{2.5}$ 浓度变化的影响

对人流量较大的天坛公园和中山公园中对照点的人流量与 PM$_{2.5}$ 浓度进行相关性分析，发现天坛公园对照点的人流量与 PM$_{2.5}$ 浓度呈弱正相关，相关系数为 0.347（$P < 0.01$），中山公园对照点的人流量与 PM$_{2.5}$ 浓度也呈弱正相关，相关系数为 0.233（$P < 0.01$），表明人流量对公园对照点 PM$_{2.5}$ 浓度有一定程度的影响，人流量增大，PM$_{2.5}$ 浓度也会缓慢地升高。

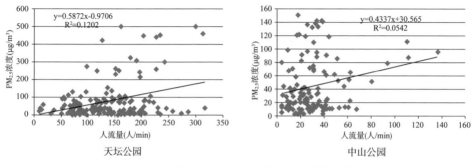

图 10　公园对照点 PM$_{2.5}$ 浓度与人流量变化关系

3.3.4　建筑室内人流量对 $PM_{2.5}$ 浓度变化的影响

以紫竹院附近的家乐福商场和天坛附近的红桥天乐商场为例，家乐福商场内 $PM_{2.5}$ 浓度与人流量呈弱正相关，相关系数为 0.343（$P < 0.01$），红桥天乐商场内 $PM_{2.5}$ 浓度与人流量也呈弱正相关，相关系数仅为 0.246（$P < 0.01$），表明建筑室内人流量增大，$PM_{2.5}$ 浓度也会缓慢地升高，人流量对建筑室内 $PM_{2.5}$ 浓度有一定程度的影响。

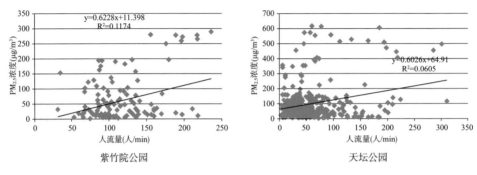

图 11　公园旁建筑室内 $PM_{2.5}$ 浓度与人流量变化关系

4　结论与讨论

本研究结果表明在无污染、轻度污染天气条件下时，公园内 $PM_{2.5}$ 浓度低于建筑室内及道路旁，说明公园绿地对 $PM_{2.5}$ 有一定的滞留作用。而在中度污染、重度污染及以上天气条件下，公园绿地消减 $PM_{2.5}$ 浓度的作用受到一定的限制，建筑室内 $PM_{2.5}$ 浓度反而达到最低，建议人们在中度污染、重度污染及以上天气条件下减少外出及开窗通风。

不同月份之间 $PM_{2.5}$ 浓度有较大差异，4 个公园内、室内及道路旁 $PM_{2.5}$ 浓度月变化趋势较一致，均在 2 月达到最大值，在 8 月达到最小值。但公园内、室内与道路旁 3 个不同环境内的 $PM_{2.5}$ 浓度的比较没有一定的规律。在对 4 个公园内、外 $PM_{2.5}$ 浓度进行不同季度分析时均表现为冬季最高，春季最低。

$PM_{2.5}$ 浓度与温度、风速呈负相关关系，与相对湿度呈正相关关系，与气压相关性不大，这与赵文慧等[16]的研究结果一致。公园道路旁 $PM_{2.5}$ 浓度与道路（主路 + 辅路）车流量呈弱正相关，表明车流量增大，$PM_{2.5}$ 浓度也会缓慢地升高。公园对照点和建筑室内的人流量与 $PM_{2.5}$ 浓度均呈弱正相关，表明无论开敞空间还是建筑室内的人流量对 $PM_{2.5}$ 浓度均有一定程度的影响，人流量增大，$PM_{2.5}$ 浓度也会缓慢地升高。

影响城市公园 PM$_{2.5}$ 浓度的因素较多，除了受温度、湿度、风向风速、气压等气象因子及道路车流量影响外，还与城市公园规模、绿地结构、郁闭度或盖度及不同的植物种类组成有密切相关性。目前，对于城市公园绿地的研究多以小范围城市公园为研究对象，不能很好地在全局上反映城市公园绿地对大气 PM$_{2.5}$ 颗粒物的消减作用，未来的测定与评价应注意多点、长时间的测量，实际的评价应用应在大样本量的基础上进行。

参考文献

[1] Poschl U. Atmospheric aerosols: composition, transformation, climate and health effects[J]. Atmospheric Chemistry, 2005,44（46）:7520-7540.

[2] 赵晨曦，王玉杰，王云琦，等 . 细颗粒物（PM$_{2.5}$）与植被关系的研究综述 [J]. 生态学杂志，2013, 32（8）：2203-2210.

[3] 余海龙，黄菊莹 . 城市绿地滞尘机理及其效应研究进展 [J]. 西北林学院学报 , 2012, 27（6）: 238-241.

[4] 赵松婷，李延明，李新宇，等 . 园林植物滞尘规律研究进展 [J]. 北京园林 , 2013, 29（103）: 25-30.

[5] 王晓磊，王成 . 城市森林调控空气颗粒物功能研究进展 [J]. 生态学报，2014, 08: 1910-1921.

[6] P H Freer-smith, Sophy H W, A Goodman. The uptake of particulates by an urban woodland: site description and particulate composition[J].Environmental pollution, 1997, 95（1）:27-35.

[7] B A K Prust, P C Mishra, P A Azeezy. Dust accumulation and leaf pigment content in vegetation near the national highway at Sambalpur, Orissa, India[J].Ecotoxicology and Environmental Safety, 2005, 60:228-235.

[8] 李新宇，赵松婷，李延明，等 . 北京市不同主干道绿地群落对大气 PM$_{2.5}$ 浓度消减作用的影响 [J]. 生态环境学报 , 2014, 23（4）: 615-621.

[9] 李新宇，赵松婷，郭佳，等 . 公园绿地不同植物群落对细颗粒物 PM$_{2.5}$ 浓度的影响 [J]. 现代园林 .2014:4907-4910. 2014,11（11）:11-13.

[10] 杨柳，吴烨，宋少洁，等 . 不同交通状况下道路边大气颗粒物数浓度粒径分布特征 [J]. 环境科学 , 2012,33（3）:694-700.

[11] 刘阳生，沈兴兴，毛小苓，等 . 北京市冬季公共场所室内空气中 TSP, PM$_{10}$, PM$_{2.5}$ 和 PM$_{1}$ 污染研究 [J]. 环境科学 ,2004,24（2）:190-196.

[12] 胡锦华，李念平，孙烨瑶，等 . 长沙市冬季某商场建筑室内外细颗粒物浓度的实测与分析 [J]. 安全与环境学报 , 2015, 15（3）：309-312.

[13] 张剑，刘红年，唐丽娟，等 . 苏州城区能见度与颗粒物浓度和气象要素的相关分析 [J]. 环境科学研究，2011,09:982-987.

[14] 常雷刚，金荷仙，华海镜 . 杭州综合医院 PM$_{2.5}$ 浓度变化规律研究 [J]. 西北林学院学报，2014, 29（2）: 237-242.

[15] 翟广宇, 王式功, 董继元, 等. 兰州市不同径粒大气颗粒物污染特征及气象因子的影响分析 [J]. 生态与环境学报, 2015,01:70-75.

[16] 赵文慧, 官辉力, 赵文吉, 等. 北京市可吸入颗粒物的空间分布特征及与气象因子的 CCA 分析 [J]. 地理与地理信息科学, 2009, 25（1）:71-74.

第四章　北京市不同主干道绿地群落对大气 PM$_{2.5}$ 浓度消减作用的影响

空气质量的好坏与人的健康息息相关。当前及刚刚过去的几年中，北京市及周边地区遭遇了严重空气污染天气，根据北京市 PM$_{2.5}$ 监测点数据显示，2012 年北京市 PM$_{2.5}$ 年平均为 106μg/m^3[1]。大气颗粒物污染已经成为城市主要环境问题，在目前尚不能完全依赖污染源治理以解决环境问题的情况下，借助自然界的清除机制是缓解城市大气污染压力的有效途径，城市园林绿化就是其一[2, 3]。道路绿带作为消除交通污染源的重要方法正受到越来越广泛的重视[4, 5]，关于城市绿化树种滞尘能力、道路绿带的滞尘能力、效率等已有较多研究[6-8]，但关于城市道路两侧绿地内污染情况与交通源的关系，以及不同大气污染环境下，不同宽度与植物配置的道路绿地如何影响及消减 PM$_{2.5}$ 浓度等方面的研究则鲜见报道。本研究对北京市交通主干道不同群落类型道路绿地不同绿带宽度下 PM$_{2.5}$ 浓度进行测定，分析其变化规律及影响因素，揭示道路绿地消减 PM$_{2.5}$ 的作用机理，为道路绿地植物配置模式优选和构建提供基础数据，为城市大气污染治理提供依据。

1　数据与方法

1.1　试验点选择

根据北京市城市道路绿地的主要类型及城区道路格局分布特点，在四环道路绿地沿垂直城市主风向下侧，分别选取姚家园北路（A1）、六郎庄北（A2）、蓝靛厂桥南（A3）3 种不同绿地配置模式作为试验点（图 1）。试验点分布如图 1 所示。各试验点绿地植物配置情况见表 1。植物群落配置现状为：A1：姚家园北路由道路边缘向外呈明显"草 – 灌 – 乔"的配置层次，前层为草本地被，宽度 6 ~ 8m；中层为花灌木及小乔木，宽 12 ~ 14m，后层为落叶乔木纯林，宽度 10m 以上；A2：六郎庄北由道路边缘向外呈"草 – 灌 – 乔"的配置层次，中层宽度较大，前层为草坪，宽度 6m；中层为花灌木及小乔片状镶嵌种植，宽 20 ~ 24m，后层为常绿乔木片林，宽度 6 ~ 8m；A3：蓝靛厂桥南由道路边缘向外呈明显"乔 + 灌 + 草 – 乔"的配置层次，前层为乔灌草多层次配置，宽度 6 ～ 8m，具有一定景观效果；后层为混交乔木林，宽 30m 左右，郁闭度 70% 左右。

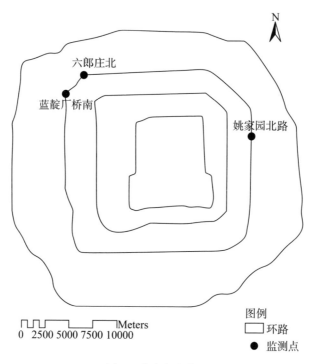

图 1　试验点分布图

表 1　道路绿地信息表

试验点	物种	学名	距离（m）	郁闭度（%）	株行距/宽度（m）	高度（m）
姚家园北路（A1）	野牛草	*Buchloe dactyloides*	1	70	6	0.03
	沙地柏	*Sabina vulgaris*	6		0.3/0.5	0.8
	洋白蜡	*Fraxinus pennsylvanica*	18		6/6	8
	毛白杨	*Populus tomentosa*	30		6/3	10
六郎庄北（A2）	野牛草	*Buchloe dactyloides*	1	50	6	0.05
	金钟花	*Forsythia viridissima*	6		3/2	2.5
	紫荆	*Cercis chinensis*	10		2	4
	桧柏	*Sabina chinensis*	12		2.5/4	7
蓝靛厂桥南（A3）	麦冬	*Ophiopogon japonicus*	1	85	2	0.1
	国槐	*Sophora japonica*	6		3	10
	银杏	*Ginkgo biloba*	6		2/3	7
	梓树	*Catalpa ovata*	18		3/4	10

1.2　监测点设置

在各试验点绿地内选择植物长势好，且绿带两侧无障碍物、无建筑物，周边开阔地段设置监测点。沿道路垂直方向布设 0m、6m、16m、26m、36m 等 5 个监测点。其中，0m 监测点设在位于道路边缘处；6m、16m、26m、36m 分别代表不同绿地宽度处测距。监测点布设方案如图 2 所示。

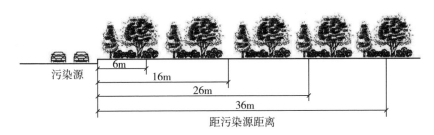

图 2　监测点设置示意图

1.3　监测内容及记录指标

2012 年 9 月至 2013 年 8 月在各试验点的各监测点每月上、中、下旬选择 3 天无风（风速 < 3 级）的天气，同时对 A1（姚家园北路）、A2（六郎庄北）、A3（蓝靛厂桥南）3 个不同绿带宽度测点进行 PM$_{2.5}$ 浓度监测。监测时段为上午（7：00、8：00、10：00），正午前后（12：00、14：00）及傍晚前后（16：00、18：00、19：00），采用 PDR-1500 便携式气溶胶颗粒物检测仪测定可吸入颗粒物 PM$_{2.5}$ 浓度，采样高度为距离地表 1.5m（与成人呼吸高度基本一致），Kestrel-4500 袖珍式气候测量仪测定大气温度、相对湿度、风速和气压等气象因子。每次监测 5min，每 10s 读取一组数据。

1.4　绿地对 PM$_{2.5}$ 消减作用计算

绿带宽度对 PM$_{2.5}$ 消减作用或净化百分率的计算公式 [9, 10] 如下：

$$P = \frac{C_s - C_m}{C_s} \times 100\%$$

式中，C_s 是道路边 0m 测距处的 PM$_{2.5}$ 浓度，C_m 是 6m、16m、26m、36m 不同绿带宽度测距处 PM$_{2.5}$ 浓度。

2 结果与分析

2.1 PM$_{2.5}$浓度日变化特征

各试验点空气PM$_{2.5}$浓度的日变化曲线基本上呈现"双峰单谷"型，即早晚高、白天低（图3至图5）。早上与晚上相比，晚上的PM$_{2.5}$浓度高于早上。各绿地不同绿带宽度PM$_{2.5}$浓度自 8：00 后增加，10：00 后开始浓度一直下降，到 12：00 ～ 14：00 左右达到最低值，之后呈持续上升状态，直至晚高峰 19：00 浓度达一天中的最大值。道路车流量日变化与空气PM$_{2.5}$浓度的日变化特征保持一定的一致性，即双峰单谷型，早晨 8：00 ～ 10：00 车流量增加，出现早高峰，12：00 ～ 14：00 车流量减少，16：00 ～ 18：00 车流量增加，出现晚高峰。早晚高峰车流量基本相当。而空气PM$_{2.5}$的浓度在晚 19：00 点达到全天最高值，说明污染物浓度在无风的天气维持时，空气中的污染物质就会不断地累积，同样污染条件下，傍晚污染物浓度高于清晨。

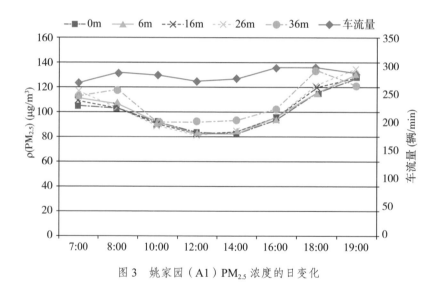

图 3 姚家园（A1）PM$_{2.5}$浓度的日变化

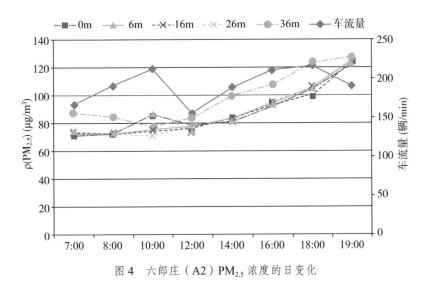

图 4　六郎庄（A2）PM$_{2.5}$ 浓度的日变化

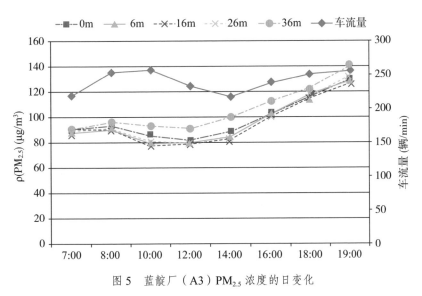

图 5　蓝靛厂（A3）PM$_{2.5}$ 浓度的日变化

2.2　道路绿地对 PM$_{2.5}$ 的消减作用

全年无污染或轻度污染（PM$_{2.5}$ < 100μg/m^3）天气条件下，道路绿地对 PM$_{2.5}$ 的消减作用表明（图 6），不同绿地不同宽度测距间 PM$_{2.5}$ 消减作用有所不同，各测点在 6m、16m、26m、36m 的地段均有明显消减作用，变幅为 0.64% ～ 12.22% 之间，绿带消减率排序为：A3(蓝靛厂桥南) > A1（姚家园北路）> A2（六郎庄北）。3 块道路绿地中，蓝靛厂桥南绿地对 PM$_{2.5}$ 消减作用高于其他两块绿地，平均消减率为 9.70%，在36m处消减率最高，达到12.22%。姚家园路绿地对PM$_{2.5}$平均消减率为2.40%，在26m处消减率最高，达到4.52%。六郎庄绿地对PM$_{2.5}$平均消减率为2.12%，在36m处消减率最高，为3.54%。绿带宽度处消减率排序为36m > 26m > 16m > 6m。形成这种消减差异的主要原因可能与各点绿带配置结构与植物种类有关。蓝靛厂桥南绿地群落组成多为大型乔木，林内郁闭度高，达到80%，而六郎庄绿地乔木层郁闭度仅为50%，故滞尘能力差异明显。消减结果表明道路绿地的宽度在26m及以上能够起到较好的滞留颗粒物作用。同时，也说明了不同道路绿地植物配置模式影响对PM$_{2.5}$的消减能力。

中度污染（101μg/m^3 < PM$_{2.5}$ < 200μg/m^3）天气条件下，绿地对PM$_{2.5}$消减作用表明（图7），不同地点不同绿带宽度下道路绿地对PM$_{2.5}$消减作用不明显，除蓝靛厂桥南绿地对PM$_{2.5}$有消减作用外，其他两块绿地的消减率大多呈负值，这充分说明绿地对PM$_{2.5}$消减作用的发挥是受一定的天气污染条件制约的。同时也表明，在同等的天气状况下，不同的植物配置模式对空气细颗粒物污染的影响很大。以乔木林为主，郁闭度较高的蓝靛厂的植物配置模式在中度污染情况下道路消减率仍为正值，而没有形成复层结构群落、郁闭度较低的六郎庄和姚家园植物配置模式对PM$_{2.5}$消减率大多为负值，这说明多复层结构的植物配置模式对空气细颗粒物污染的消减作用，要明显优于单层结构植物配置模式。

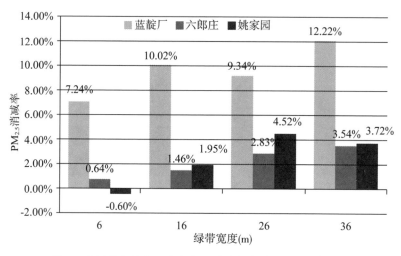

图6 无污染或轻度污染条件下道路绿地对PM$_{2.5}$的消减能力

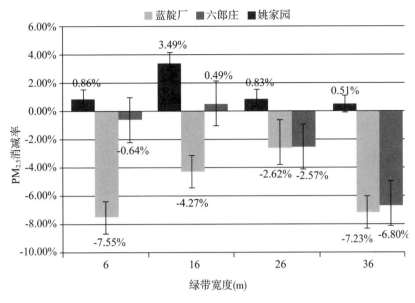

图 7　中度污染条件下道路绿地对 PM$_{2.5}$ 的消减能力

重度污染（PM$_{2.5}$ > 200μg/m^3）天气条件下，绿地对 PM$_{2.5}$ 消减作用表明（图 8），当空气细颗粒物污染达到重度以上程度时，不同地点不同绿带宽度下道路绿地对 PM$_{2.5}$ 消减作用均不明显，全部呈负值。由此说明，绿地滞尘效果和消减能力有限，在重度污染条件下，基本不能达到消减和滞尘作用。

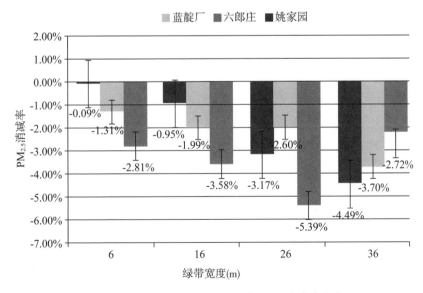

图 8　重度污染条件下道路绿地对 PM$_{2.5}$ 的消减能力

3　讨论与结论

3.1　讨论

道路绿带已经成为消除交通污染源的重要方法 [6, 7]，研究不同宽度与植物配置的道路绿地如何消减 $PM_{2.5}$ 浓度，可以为城市大气污染治理提供更多科学依据。

道路两侧的 $PM_{2.5}$ 浓度变化趋势与交通流的变化趋势表现一致，说明 $PM_{2.5}$ 浓度的日变化特征与早晚高峰道路车流量变化有一定的相关性。这与已有研究揭示的城市道路交通的大气颗粒物污染特征一致 [11]。$PM_{2.5}$ 浓度的日变化也受到天气条件的影响。当晴好无风的天气维持时，空气中的污染物质就会不断地累积，空气质量逐渐下降，也是夜晚 $PM_{2.5}$ 浓度更高的原因。若匹配适当的湿度条件就会向雾霾天气演化，直至有新的天气过程发生而改变 [12]。

研究说明，绿地内的植物配置与植物种类组成影响对 $PM_{2.5}$ 的消减作用，其中郁闭度较高的多复层群落结构明显优于郁闭度较低的单层群落结构，这与植物群落滞尘规律表现一致 [13]。但绿地对 $PM_{2.5}$ 消减作用有限，尤其在严重雾霾天气条件下，绿地内的 $PM_{2.5}$ 会不断累积，随着距离道路越远，浓度逐渐增大，林带内要高于林带边缘。

3.2　结论

根据北京城市道路绿地的主要类型及城区道路格局分布特点，在四环道路绿地沿垂直城市主风向下侧，分别选取姚家园北路、六郎庄北、蓝靛厂桥南 3 种不同绿地配置模式作为试验点，对 0m、6m、16m、26m、36m 不同绿带宽度下 $PM_{2.5}$ 浓度分布、消减能力及与交通污染源、植物配置关系进行了研究。得出了以下主要结论：

道路绿地空气中 $PM_{2.5}$ 浓度的日变化与道路车流量均呈现双峰单谷型特征，即早晚高、白天低，最低值出现在 12: 00 ~ 14: 00，与早晚高峰车流量基本一致，$PM_{2.5}$ 浓度最高值出现在交通晚高峰后 19: 00 左右，道路两侧的 $PM_{2.5}$ 浓度变化趋势与交通流的变化趋势一致。道路车流量越大，空气中 $PM_{2.5}$ 浓度越高。

本文分别对三类空气质量条件下，道路绿地对 $PM_{2.5}$ 消减作用进行评价。在无污染或轻度污染（$PM_{2.5} < 100\mu g/m^3$）环境、中度污染（$101\mu g/m^3 < PM_{2.5} < 200\mu g/m^3$）的环境及重度污染（$PM_{2.5} > 201\mu g/m^3$）等三种环境条件下，道路绿地对 $PM_{2.5}$ 消减作用不同，无污染或轻度污染（$PM_{2.5} < 100\mu g/m^3$）环境下，绿地对 $PM_{2.5}$ 消减作用明显，不同绿地的消减率不同，但都表现出 26m 及 36m 的绿带处消减作用最强，最高可达12.22%；其中蓝靛厂桥南绿地对 $PM_{2.5}$ 具有消减作用最明显，平均消减率达到 9.70%。中度污染（$101\mu g/m^3 < PM_{2.5} < 200\mu g/m^3$）的环境下，只有蓝靛厂桥南绿地对 $PM_{2.5}$ 具

有消减作用；重度污染（PM$_{2.5}$ > 201μg/m^3）天气条件下几块绿地对 PM$_{2.5}$ 消减作用都不明显。

参考文献

[1] 北京市环境保护监测中心 . 空气质量实时发布 .http://zx.bjmemc.com.cn/(DB/OL). 2012.

[2] FREER-SMITH P H, HOLLOWAY S, GOODMAN A. 1997. The uptake of particulates by an urban woodland: site description and particulate composition[J]. Environmental Pollution, 95(1): 27-35.

[3] BECKETT K P, FREER-SMITH P H, TAYLOR G. Urban woodlands: their role in reducing the effects of particulate pollution[J]. Environmental Pollution, 1998, 99: 347-360.

[4] 苟正清 , 张清东 . 道路景观植物滞尘量研究 [J]. 中国城市林业 , 2008,6(1)：59-61.

[5] 韩阳 , 李雪梅 , 朱延姝 , 等 . 环境污染与植物功能 [M]. 北京 : 化学工业出版社 , 2005,127-128.

[6] 王蕾 , 高尚玉 , 刘连友 , 等 . 北京市 11 种园林植物滞留大气颗粒物能力研究 [J]. 应用生态学报 , 2006,17(4): 597-601.

[7] 王赞红 , 李纪标 . 城市街道常绿灌木植物叶片滞尘能力及滞尘颗粒物形态 [J]. 生态环境 , 2006, 15(2): 327-330.

[8] 柴一新 , 祝宁 , 韩焕金 . 城市绿化树种的滞尘效应 : 以哈尔滨市为例 [J]. 应用生态学报 , 2000, 13(9): 1121-1126.

[9] 郭伟 , 申屠雅瑾 , 郑述强 , 等 . 城市绿地滞尘作用机理和规律的研究进展 [J]. 生态环境学报 , 2010,19(6): 1465-1470.

[10] 王月容 , 李延明 , 李新宇 , 等 . 北京市道路绿地对 PM$_{2.5}$ 浓度分布与消减作用的影响 [J]. 湖北林业科技 , 2013, 6: 4-9.

[11] 戴思迪 , 马克明 , 宝乐 . 北京城区行道树国槐叶面尘分布及重金属污染特征 [J]. 生态学报 , 2012,32(16):5095-5102.

[12] 施晓晖 , 徐祥德 . 北京及周边气溶胶区域影响与大雾相关特征的研究进展 [J]. 地球物理学报 , 2012, 55(10): 3230-3239.

[13] 殷杉 , 蔡静萍 , 陈丽萍 , 等 . 交通绿化带植物配置对空气颗粒物的净化效益 [J]. 生态学报 , 2007, 27(11): 4590-4595.